北京建筑大学未来城市设计高精尖创新中心资助项目：创新驱动下的未来城乡空间形态及其城乡规划理论和方法研究（UDC2018010921）

走向开放住区

——北京城市住区临街边界空间现状问题及优化策略研究

孙 立 高佳璐 著

U0202673

中国建筑工业出版社

图书在版编目（CIP）数据

走向开放住区——北京城市住区临街边界空间现状
问题及优化策略研究／孙立，高佳璐著. —北京：中
国建筑工业出版社，2018.7

ISBN 978-7-112-22356-5

Ⅰ.①走… Ⅱ.①孙…②高… Ⅲ.①居住区–城市
规划–设计–研究–北京 Ⅳ.①TU984.12

中国版本图书馆CIP数据核字（2018）第131605号

责任编辑：陈海娇 徐 冉
责任校对：芦欣甜

走向开放住区——北京城市住区临街边界空间现状问题及优化策略研究
孙 立 高佳璐 著
＊
中国建筑工业出版社出版、发行（北京海淀三里河路9号）
各地新华书店、建筑书店经销
北京点击世代文化传媒有限公司制版
大厂回族自治县正兴印务有限公司印刷
＊
开本：787×1092毫米 1/16 印张：11½ 字数：156千字
2018年10月第一版 2018年10月第一次印刷
定价：45.00元
ISBN 978-7-112-22356-5
（32237）

前言

　　2016 年初，中央发布了《中共中央国务院关于进一步加强城市规划建设管理工作的若干意见》，其中提出了"原则上不再建设封闭住宅小区，已建成的住宅小区和单位大院要逐步打开"的开放住区政策。该政策不仅检讨了超大型封闭住区对城市交通、环境等的不良影响，同时对既有住区空间与城市其他功能空间的关系做出反思，住区空间不应独立存在，而应与城市其他功能空间积极融合，形成连续丰富的界面，这就对住区与城市其他功能区的边界空间提出了更高的要求，所以关于住区临街边界空间的研究成为当前关注的重点。

　　住区临街边界空间，一直以来都是充满争议的话题：一方面，边界空间作为住区空间的保护屏障，应保证住区内部的安全和私密性；另一方面，边界空间又作为朝向街道的公共界面，应该打造成为充满活力的公共空间，使住区与城市良性相融，这种矛盾性就使得住区临街边界空间的设计陷入两难的境地。住区临街边界空间究竟该如何规划设计，才能既满足对住区内部的屏障作用又与城市其他空间交流互动形成积极的城市公共空间，成为当前研究的难点。

　　北京作为我国首都，住区建设历史悠久、住区类型丰富，从中华人民共和国成立初期的单位大院、周边街坊式住区到现在的大型封闭式住区与开放街区式住区，都共同存在于这片土地上。而不同住区类型的临街边界空间形式也多种多样，具有重要的研究价值。那么北京现存住区的临街边界空间现状究竟如何，人群满意度如何，是否存在影响交通或者城市空间发展的问题，存在边界问题的原因又是什么，如何进行优化设计，都是值得研究的问题。

　　本书以此为出发点，设定以下几方面内容来展开研究和讨论：

（1）边界及住区临街边界空间的相关理论及国内外优秀住区案例研究。

（2）不同类型北京城市住区的临街边界空间的特征和现状。

（3）具有代表性的北京城市住区临街边界空间的现状问题及产生原因。

（4）从城市规划设计的角度提出优化设计策略及建议。

为实现以上研究目标，本书以问题为导向进行研究：首先，通过对住区临街边界空间的相关概念和规划理论及优秀案例的梳理，明确研究的理论基础；其次，通过实地踏勘与问卷调查、访谈等形式，分析得出其现状问题并深入研究其引发原因，并从城市规划设计的角度提出优化设计策略及建议。

全书一共分为以下七章：第1章为绪论，明确提出研究的背景、对象、目的、意义及框架，并对国内外相关研究动态进行简要综述；第2章为理论及案例研究部分，对住区临街边界空间的相关概念以及国内外规划理论研究成果和优秀案例进行梳理分析，为之后的调研和分析提供理论及实践基础；第3章和第4章实地调研并提出问题，其中第3章针对不同类型的北京城市住区临街边界空间进行现状调研，涉及住区概况、住区临街边界空间现状以及人群满意度评价三方面，第4章为梳理总结部分，明确总结出北京城市住区临街边界空间的主要现状问题；第5章为分析部分，对前章所提出的现状问题进行分析，深度挖掘其问题背后的引发原因；第6章为方法论部分，从城市规划设计的角度提出优化原则、策略及设计手法；第7章为论文的结论部分，概括了目前北京城市住区临街边界空间的现状问题、引发原因及优化策略，并提出了研究的创新点、不足及未来的研究展望。

本书以北京市为背景，实地调研了不同类型的北京城市住区的临街边界空间现状以及人群满意度评价，明确了其现状问题，同时深刻挖掘其问题形成的原因，来弥补这类研究数据的缺失，是对同类研究的补充。结合人们的日常生活进行调研，探寻人群的现状满意度及未来需求，从城市规划设计的角度提出优化策略及建议，对之后住区临街边界空间的设计、住区规划以及街道公共空间的设计都有一定的借鉴作用。

由于笔者研究的时间及深度有限，本文也存在着诸多不足。第一，实地调研方面，本文的研究只选取了北京城市住区范围内部分有代表性的住区，对调研对象的选取具有片面性；第二，由于只选取了 8 个住区进行调研，调研量较少，无法涵盖城市住区的全部类型，调研结果也具有部分片面性；第三，此课题涉及城市规划学、建筑学、社会学等众多学科，其研究视角较为广泛，笔者的研究无法顾及全面，因此之后的研究还需扩大范围及深度，敬请各位读者批评指正！

目 录

第 **4** 章
现状问题研究

第 **5** 章
引发原因研究

第**6**章
优化策略研究

第 1 章　绪论

1.1 研究背景

2016 年初，中央发布了《中共中央国务院关于进一步加强城市规划建设管理工作的若干意见》，其中提出了"原则上不再建设封闭住宅小区，已建成的住宅小区和单位大院要逐步打开"的开放住区政策。该政策不仅检讨了超大型封闭住区对城市交通、环境等的不良影响，同时对既有住区空间与城市其他功能空间的关系作出了反思，住区空间不应独立存在，而应与城市其他功能空间积极融合，形成连续丰富的界面，这就对住区与城市其他功能区的边界空间提出了更高的要求，所以关于住区临街边界空间的研究成为当前关注的重点。

住区临街边界空间，一直以来都是充满争议的话题：一方面，边界空间作为住区空间的保护屏障，应保证住区内部的安全和私密性；而另一方面，边界空间又作为朝向街道的公共界面，应该打造成为充满活力的公共空间，使住区与城市良性相融。这种矛盾性就使得住区临街边界空间的设计陷入了两难的境地。住区临街边界空间究竟该如何规划设计才能既满足对住区内部的屏障作用，又与城市其他空间交流互动形成积极的城市公共空间，这也成为当前研究的难点。

北京作为我国首都，其住区建设历史悠久、住区类型丰富，从新中国成立初期的单位大院、周边街坊式住区到现在的大型封闭式住区与开放街区式住区，都同时存在于这片土地上，而不同住区类型的临街边界空间形式也多种多样，具有重要的研究价值。那么，究竟北京现存住区的临街边界空间现状如何，人群满意度如何，是否存在影响交通或者城市空间发展的问题，存在边界问题的

原因又是什么，如何进行优化设计，都是值得研究的问题，所以本文以此为出
发点进行探讨。

1.2　研究对象的界定

1.2.1　住区与北京城市住区

住区，一般指人们生活的地区，并不确切针对某一类别的住宅形式，而是
指居民住宅密集的地区。周俭在《城市住宅区规划原理》一书中，将住区定义
为"城市中在空间上相对独立的各种类型和各种规模的生活居住用地的统称，
它包括居住区、居住小区、居住组团、住宅街坊和住宅群落等"。[1]

北京城市住区，指北京城市区范围内经过规划建设的住区。对这个定义有
两个限制条件：其一，北京城市区范围（图1-1），这里指传统意义上的北京城区，
即北京五环以内（包含五环）的城区范围；其二，袁野在其博士论文"城市住

图1-1　北京城市住区探讨范围 　　　　　　　图1-2　生活性街道与交通性街道实例
　图片来源：作者根据百度地图改绘（2016.9）。 　　　　图片来源：作者自摄（2016.9）。

1　周俭.城市住宅区规划原理[M].上海：同济大学出版社，1999.

区边界问题"中提出"住区中不包括别墅区以及城中村等外来人口聚居区"[1]，本文沿用这个观点。因为别墅区是我国城市住区的特殊类型，在城市居住空间中占有极小的比例，同时别墅区所营造的就是封闭独立、环境优美、仅供少数人享用的生活区域，其位置一般也处在与城市其他空间关系疏离的状态，所以不在本文的讨论范围之内，而城中村等外来人口聚居区大多未经过规划建设，所以也不在本文的讨论范围之内。

1.2.2 街道

将城市街道（图1-2）从功能的角度进行分类，可以分为城市交通性街道和城市生活性街道。基于本文的研究内容来说，"住区临街"的"街"大部分属于城市生活性街道及交通与生活并重的街道，极少包括或不包括城市交通性街道。因为交通性街道主要承担城市的通行功能，而生活性街道则着重于承担居民的日常生活功能，是必不可少的公共空间，所以本文的研究以城市生活性街道为主。

1.2.3 边界与住区临街边界空间

（1）边界。边界在《现代汉语词典》中，可以解释为两个意思：一是领土单位之间的一条界线；二是国家之间或地区之间的界线。在英文中，可以翻译成 boundary、border 等。同时，边界在很多学科中都是重要的概念。如在最常见的地理学中，边界可以代表国家领土或地区的边界，在这层意义上，边界强调的是划分的界线；再如生物学中，细胞壁也相当于边界，是细胞的保护膜，将细胞与外部环境进行隔离，同时也是细胞内部与外界进行能量和物质交换的媒介，这里，边界的作用就不仅仅是划分隔离，更是交流与联系的媒介；凯文·林

---

1 袁野.城市住区的边界问题研究[D].清华大学，2010.

奇也曾将边界定义为"两个场地的交界或禁止出入的界限并且相互之间具有一定可渗透性"[1]，同时他也提出"边界是凝聚的缝合线，而不是隔离的屏障"[1]。在这些描述中，边界更倾向于一个具有中介作用的空间的概念。在本文的研究中，边界也是作为一个过渡空间而存在的。

（2）住区临街边界空间，以下简称住区边界空间或住区边界。住区边界空间是介于住区环境和城市环境之间的空间，对内要维护住区的安全与私密，对外又要形成积极开放的公共空间，促进住区内部与城市之间的融合，是城市众多边界空间中的一种类型。本文的研究范围（图1-3）主要指住区与其他功能空间的边界，极少包括或不包括住区与住区之间的边界，一般指住宅建筑外边线到街道边缘的部分，具体内容见第二章第二节。

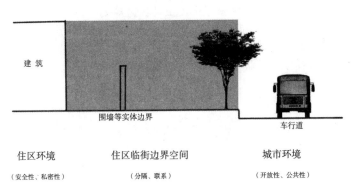

图1-3　住区临街边界空间范围示意图
图片来源：作者自绘。

1 （美）凯文・林奇.城市意象[M].北京:华夏出版社，2001.

1.3 国内外相关研究综述

1.3.1 国外研究综述

最初国外并无住区空间边界的说法，住区是与城市中其他功能空间相互融合的。18世纪后期工业革命爆发后，社会生产力发生极大的变化，导致城市的结构和形态也随之发生了巨大的变化，人口迅速向城市聚集、环境恶化，带来了严重的城市问题，而住区也产生了极多的现状问题。19世纪后，为了防止城市环境的继续恶化，出现了邻里单位、田园城市等封闭住区规划理论，之后随着城市的发展，住区规划理论的研究也在不断的探索和反思中展开，以下介绍几种具有代表性的住区规划理论。

邻里单位是由美国社会学家佩里提出的住区规划理论，是在当时城市人口密集、居住环境恶劣以及交通事故严重的背景下提出的，其目的是使人们生活在一个花园式的住区内，提高人们的生活质量，这对当时以至于之后的住区规划都产生了深远的影响。之后，雷德朋为了解决汽车、行人通行的矛盾，满足住区环境的安全与宁静，提出"人车分行"的观点，首次将居住区内的道路按功能进行划分，既保证了车行道的通畅也保证了住区内行人的安全，在当时被认为是解决人车冲突的理想方式。

随着社会经济和技术的发展，以柯布西耶为代表的现代主义逐渐发展起来，提倡以现代化的技术手段来改造城市，强调城市功能的划分，并主张以大体量的高层建筑和小汽车为主导的快速交通系统来建设城市。在现代主义思潮的影响下，人们开始追求大规模、大体量的城市住区建设模式，高楼、宽马路的住区模式不断涌现，这种住区模式虽然在一定程度上解决了人们的居住问题，但是也给我们的生活带来了诸多问题，例如交通拥堵、景观单调、街道失活等。1961年，简·雅各布斯发表了理论著作《美国大城市的死与生》，强调人本主义的回归，提出了人的心理和行为尺度对规划的重要性，同时针对现有居住形态导致的街道失活现象等也提出了自己的看法，她认为"街道及其人行道，是城市中的主要公共区域，是一个城市的最重要的器官"[1]，所以街道的活力是城市活力的重要体现，同时也总结出了在城市的街道或地区产生丰富的活动以及活力的四个必不可少的条件，分别是："其一，地区的主要功能要多，即功能混合，才会吸引更多人群和活动；其二，街道较短、易转弯，这就避免了大尺度空间的产生；其三，一个地区的建筑物应该种类丰富；最后是人流密度必须达到足够高的程度。"之后，扬·盖尔也发表著作《交往与空间》，并在书中指出，要从居民城市活动的角度入手，对人们如何使用城市公共空间如街道、人行道、广场、庭院、公园等进行了研究。

新城市主义兴起于 20 世纪 80 年代，其主要思想是提倡城市中的各用地功能混合布置而非明确的城市功能分区布置，同时减少私家车的出行，加大公交出行力度，打造一个功能混合、充满活力与生机的新型住区。

之后，法国当代著名建筑师鲍赞巴克将居住形态总结为"三个年龄段"："第一年龄段"是 18 世纪工业革命以前，城市居住形态是由道路围合的建筑街区，城市结构保持其基本的原始格局；"第二年龄段"是 19 世纪末到 20 世纪中期，受现代主义影响，城市传统结构被打乱，形成了一个个分散而独立的建筑空间；"第三年龄段"即"开放街区"阶段，是 20 世纪 60 年代之后，现代主义城市规划分区思想带来的越来越多的城市问题导致人们对其充满了不满，而逐渐开始反思应运而生的新型住区规划理论，即主张功能复合和适宜的高密度建设的开放的街区型住区。

1 （美）简·雅各布斯.美国大城市的死与生[M].金衡山译.南京：译林出版社，2006.

1.3.2 国内研究综述

国内关于住区空间和街道空间的研究在学术界一直是重点,自然地,对于两种空间的边界及关系的研究也开始受到广泛关注。目前,国内关于边界空间的相关研究主要从三个角度进行:其一是街道角度,其二是建筑角度,其三是住区角度。

1.3.2.1 街道角度的研究

从街道角度出发进行研究,主要是将街道作为代表性的城市公共空间,探讨街道的边缘空间及界面设计,其代表性著作及论文如表 1-1 所示。

街道角度研究文献整理   表1-1

作者 (年份)	文献名称	主要研究内容
赵新意 (2006)	"街道界面控制性设计研究"	对国内外街道界面控制方面的理论及实践成果进行分析,并提出针对我国的设计建议
唐莉 (2006)	"街道边缘空间模式研究"	以人的需求作为评价标准对上海市的街道边缘空间模式进行评价,并提出优化建议
姚晓彦 (2007)	"现代城市街道边缘空间设计研究"	选取北京、保定两个不同级别的城市的典型街道作为调研对象进行实地调研与分析,总结出目前街道边缘空间的现状问题并提出优化策略
贺璟寰 (2008)	"城市生活性街道界面研究"	通过典型建筑学手法对街道界面进行改造,试图从更微观的角度改变城市设计维度的街道界面问题
王墨非 (2015)	"城市街道边缘空间设计对于街道活力的影响研究"	对西安主城区内几条重要街道的边缘空间进行分析,归纳总结出富有生机的街道边缘空间的良好设计方法

资料来源:作者根据文献资料整理。

通过对以上研究的梳理,可以看出,国内学者关于街道的研究多是从街道本身出发,通过物质空间的塑造,打造承载人群活动的场所,更多的是考虑城市的街道空间设计,而缺少针对住区临街空间的研究。

1.3.2.2 建筑角度的研究

国内的从建筑角度出发的研究，一般集中于建筑学领域，主要研究沿街建筑界面，代表性著作及论文如表1-2所示。

建筑角度研究文献整理 表1-2

作者 （年份）	文献名称	主要研究内容
谢祥辉 （2002）	"沿街建筑边界的双重性研究"	以"双重性"为切入点，研究既满足建筑建造要求又满足街道良好景观塑造的边界
冯凌 （2008）	"融合街道空间的建筑界面研究"	充分考虑建筑自身和城市街道环境的关系，提出城市街道空间中建筑界面的设计理念

资料来源：作者根据文献资料整理。

通过对以上研究的梳理，可以看出，国内学者关于建筑角度的研究，主要从微观的建筑设计角度出发，确立一种充分考虑建筑自身结构和城市街道环境设计的观念，来实现建筑沿街界面与城市空间的融合。

1.3.2.3 住区角度的研究

我国学者从城市住区角度出发对边界空间的研究主要包括两个方面：

（1）对封闭住区模式的反思与新探索，研究主要强调对住区封闭边界所引起的城市问题进行反思和解决，进而展开对以街区型住区为代表的开放住区模式的探索，代表性著作及论文如表1-3所示。

封闭住区角度研究文献整理 表1-3

作者（年份）	文献名称	主要研究内容
邹颖、卞洪滨（2000）	"对中国城市居住小区模式的思考"	回顾了邻里单位住区规划思想的发展和其对中国居住小区模式的影响
钟波涛（2003）	"城市封闭住区研究"	阐述了封闭住区对城市的不良影响以及对居民心理和行为的不良影响

续表

作者（年份）	文献名称	主要研究内容
缪朴 （2004）	"城市生活的癌症——封闭式小区的问题及对策"	对当前中国封闭小区模式提出批判，指出其存在的主要问题
朱怿 （2006）	"从'居住小区'到'居住街区'"	从各学科角度出发深入研究了居住小区模式存在的问题并从多角度提出解决策略
徐苗、杨震 （2008）	"论争、误区、空白——从城市设计角度评述封闭住区的研究现状"	从城市设计的角度对封闭住区的研究进行总结批判
黄琼、冯粤 （2008）	"封闭住区的负效应及解决方法"	分析了封闭住区在城市人居环境、城市交通、城市空间形态和土地利用效率等方面带来的不良影响，并提出有效解决方案
徐苗、杨震 （2010）	"起源与本质：空间政治经济学视角下的封闭住区"	从政治经济学的角度切入进行分析，揭示了产生封闭住区的根本原因
王彦辉 （2010）	"中国城市封闭住区的现状问题及其对策研究"	对我国城市封闭住区现状进行评价，并从建筑学的角度探索我国封闭住区空间的优化策略
尤娟娟 （2010）	"我国城市街区型住区规划研究初探"	分析了现阶段街区型住区在我国规划发展中所面临的问题及其解决对策
王乐春 （2010）	"城市居住街区模式研究"	分析了我国现阶段居住模式的弊端，提出街区型住区体系
王红卫 （2012）	"城市型居住街区空间布局研究"	以城市型居住街区空间布局为研究对象，深入研究了国内外典型案例并提出了未来我国的发展方向
李晓锋 （2013）	"城市街区型住区规划策略研究"	以西安住区为例，对其现状进行调研，并利用街区型住区的优势来解决目前住区的问题
张杰 （2013）	"基于资源共享视角下的住区开放性研究"	以资源共享为视角，阐述住区开放性设计的策略和方法
商宇航 （2015）	"城市街区型住区开放性设计研究"	通过问卷调查的方式探究了居民关于住区封闭与开放的心理意愿并结合案例分析和实地调研，提出了街区型住区的开放性设计策略

资料来源：作者根据文献资料整理。

通过对以上研究的梳理，可以看出，国内学者关于边界空间的研究主要集中在对封闭边界的批判方面，即对封闭住区模式产生问题的反思和新住区模式的探索，并且研究角度多集中于尺度、布局、开放性、功能混合等规划设计模式，而忽略了边界空间本身的研究。本文的研究对象与之前的研究有所不同，并不是以封闭住区为研究对象，而是以住区的边界空间为研究对象。

同时，我国关于住区模式的探索并不局限于理论方面，在实践方面也进行了积极的探索。例如万科早期的城市花园系列、北京建外 SOHO、后现代城、上海创智天地等，都试图打破封闭住区的边界，构建开放的、与城市融合的住区模式。但从实际情况来看，尽管有了对新模式的探索，我国住区仍以封闭模式为主流。所以，如何尽可能地使住区积极向城市开放，同时保证住区安全以及私密性的需求将成为住区规划设计的主要课题之一，进而关于边界空间的研究就显得尤为重要。

（2）关于住区边界空间的研究，包括边界空间权属、构成、现状利用问题以及构建住区友好边界空间的设计思路等方面，代表性著作及论文如表1-4所示。

住区边界角度研究文献整理　　　　　　　　表1-4

作者（年份）	文献名称	主要研究内容
胡争艳（2007）	"城市住区街道边界空间的公共性设计研究"	以街道和住区之间的空间作为研究对象，从明确空间权属的角度出发，探讨边界空间公共性的设计策略
刘煜（2009）	"居住区边缘空间研究"	通过对住区中的边缘空间进行探讨研究，积极打造舒适、合理、安全的人居社区
周扬、钱才云（2012）	"友好边界：住区边界空间设计策略"	提出住区与城市隔离带来的城市问题，并提出建造"住区友好边界空间"的设计策略
李春聚、姜乖妮、王苗（2014）	"城市住区边界空间的优化设计"	以围墙边界为研究对象，提出了优化设计的策略
王何王（2014）	"西安纺织城住区临街公共生活空间规划设计研究"	选取存在典型问题的西安纺织城住区临街公共生活空间，结合相关理论进行规划设计实践的探索研究

资料来源：作者根据文献资料整理。

通过对以上研究的梳理，可以看出，国内学者关于住区边界空间的研究较少，在为数不多的研究中又主要集中在探讨边界权属、空间构成、笼统的现状问题方面，而缺乏对具体城市具体现象的完整而系统的调研分析以及有针对性的解决策略研究。同时，北京作为我国极具代表性的城市，对其城市住区边界空间的研究却极其缺乏，这也就构成了本文研究的动机。

1.3.3　小结

综上研究内容可以看出：一是从研究对象来说，对住区、街道或建筑界面的研究较多，而对住区与城市之间的边界空间的研究较少；二是在不多的对边界的研究中，缺乏对具体城市具体现象的完整系统的调研分析，包括对住区边界空间的现状、人群满意度、成因等方面的分析；三是对边界的研究多停留于理论方面，而缺少有针对性的、结合当地法规以及人群日常生活需求的设计策略研究，本文的研究正好弥补了这些问题。

1.4　研究目的及意义

1.4.1　研究目的

本文以北京市为背景，通过对不同类型住区的临街边界空间现状进行调研，分析住区临街边界空间的现状问题及产生原因，从城市规划设计的角度提出优化策略及建议。

本文主要针对以下几方面来展开研究和讨论：

（1）边界及住区临街边界空间的相关理论及国内外优秀住区案例。

（2）不同类型北京城市住区的临街边界空间的特征和现状。

（3）具有代表性的北京城市住区临街边界空间的现状问题及产生原因。

（4）从城市规划设计的角度提出优化设计策略及建议。

1.4.2　研究意义

理论层面上，住区临街边界空间的研究一直是充满争议的研究点，主要表现为边界空间既要满足保护住区内部空间的私密与安全，又要积极开放打造活跃的公共空间。本文实地调研了不同类型的北京城市住区临街边界空间现状以及人群满意度评价，明确了其现状问题，同时深刻挖掘其问题形成的原因，来弥补这类研究数据的缺失，是对同类研究的补充。

实践层面上，以北京为背景，结合人们的日常生活进行调研，探寻人群的现状满意度及未来需求，从城市规划设计的角度提出优化策略及建议，对之后住区临街边界空间的设计、住区规划以及街道公共空间的设计都有一定的借鉴作用。

1.5　研究方法及框架

1.5.1　研究方法

本论文以科学客观的研究态度为前提，综合运用文献分析法、比较分析法、实地调研法和系统分析法等论证方法对课题进行研究。

（1）文献分析法。针对课题研究的内容，对专著、期刊论文、报纸新闻、网络资料等与边界、住区临街边界空间相关的资料进行分析，获得对住区临街边界空间已有研究成果的认识，并对现有的相关理论成果进行研究分析与总结。

（2）实地调研法。在对现有的理论成果进行研究分析的基础上，针对研究的问题，选择北京具有代表性的城市住区进行实地调研，来探索住区临街边界空间的现状和人们的满意度。在实地调研中，采取现场踏勘、问卷调查、访谈等形式，获取翔实的基础资料。

（3）系统分析法。运用系统的研究方法，对相关理论及调研成果进行系统的对照、梳理和分析，力求对研究问题进行整体把握和辩证分析。

（4）比较分析法。对各个相关学科，如建筑学、心理学和社会学等学科的研究方法和成果进行了借鉴与比较，并对研究理论与实际调研结果进行了详细而认真的比较，得出了合理的结论。

1.5.2 研究思路

本文以问题为导向进行研究：首先，通过对住区临街边界空间的相关概念和规划理论及优秀案例的梳理，明确研究的理论基础；其次，通过实地踏勘与问卷调查、访谈等形式分析得出其现状问题并深入研究其引发原因；最后，从城市规划设计的角度提出优化设计策略及建议。

1.5.3 研究框架

本书研究框架见（图 1-4）。

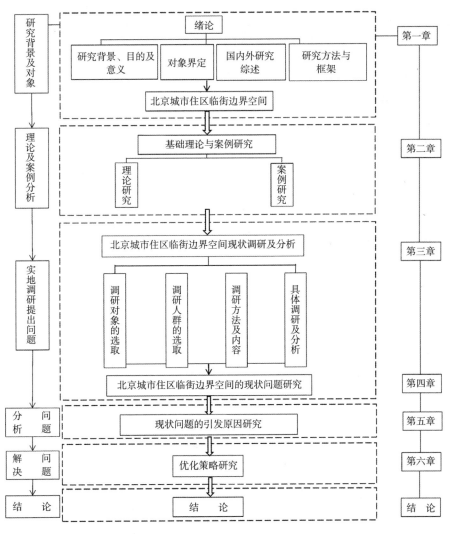

图 1-4 本书研究框架

第2章 基础理论及案例研究

本章为基础理论及案例研究部分。首先梳理了关于边界以及住区临街边界空间的相关基础理论，为之后的实地调研及访谈提供了理论支撑；其次通过对国内外优秀案例进行分析、借鉴，为优化策略的提出提供技术支撑。本章主要分为四个部分，分别为边界的相关研究、住区临街边界空间的相关研究、规划理论研究以及国内外住区案例的借鉴研究。

2.1 边界的相关研究

如上文所述，边界在本文中被强调是作为一个缓冲与中介空间而存在的，其作用不仅仅是划分隔离，更多的是交流与联系的媒介，这就体现出边界最重要的属性——矛盾性。边界的矛盾性指的是，一方面要对边界的内部空间形成保护，使其与外部空间相隔离；而另一方面，又不是完全的阻隔，边界还要不停地与外界进行沟通交流，形成和谐稳定的整体。这种既分隔又联系的属性就成为边界最重要也最基础的属性——矛盾性。

住区临街边界空间（以下简称住区临街边界、住区边界）作为一种边界空间，是介于住区环境和城市环境之间的空间，也具有矛盾的属性，表现为住区临街边界对住区内部要维护住区的安全与私密，对外又要形成积极开放的城市公共空间，促进住区空间与城市其他功能空间相互融合，从而形成良好的城市空间。

2.2　住区临街边界空间的相关研究

如上文所述，住区临街边界空间是介于住区环境和城市环境之间的空间，那么，究竟住区临街边界空间是指哪部分空间，住区临街边界空间作为住区的屏障空间与城市的公共空间又有哪些作用？本节主要从这两个方面进行探讨。

2.2.1　空间构成

本文的研究范围主要指住区空间与城市其他功能空间的边界，而不包括或较少包括住区与住区之间的边界空间。笔者根据袁野在其博士论文"城市住区的边界问题研究"中的划分，认为住区临街边界空间和其他边界空间相似，其空间构成可分为实体要素和空间要素[1]，其中实体要素包括三部分，分别是围墙、临街建筑和入口，空间要素则相对应地包括围墙空间、临街建筑空间、入口空间和转角空间，以下一一进行介绍：

2.2.1.1　实体要素

住区临街边界空间的实体要素包括围墙、临街建筑和入口三部分。

（1）围墙。围墙在我国历史悠久，也是极具中国特色的一种建筑形式。围墙的存在，可以追溯到原始部落时期，当时的人们已经有了防御与保护的意识，逐渐开始使用天然的墙或者沟渠等来防止野兽攻击、保护居住安全等，这是最早的围墙形式。直到逐渐形成城市之后，统治者开始建造围墙来保护城市的统治、抵御外敌入侵。更重要的是，围墙也开始成为封闭管理和等级制度的象征，例如当时都城中皇城、内城以及外城的分别。不可否认，围墙的存在同时也体

1　袁野.城市住区的边界问题研究[D].清华大学，2010.

现了一种闭关锁国的状态，这使得中国在之后的发展中受到了不少重创。新中国成立之后出现的住区形式，无论是街坊还是单位大院等住宅形式，仍旧是围墙时代的象征，墙的地位仍然没有下降。自改革开放起直到当代，用围墙封闭的住区一直是住区的主流形式，虽然这种住区形式带来了诸多城市问题，但其地位仍旧没有被撼动。例如北京星河苑住区（图 2-1）的临街边界的围墙形式，就是现代住区围墙的主要代表。

图 2-1 北京星河苑住区围墙形式
图片来源：作者自摄（2016.11）。

（2）临街建筑。一般住区空间的临街建筑可以简单理解为住宅建筑直接临街或顶层住宅、底层商业的建筑形式，但笔者通过调研以及文献的翻阅发现，住区临街建筑并不一定就是这两种形式。所以，笔者参考王何王在"西安纺织城住区临街公共生活空间规划设计研究"中的分类以及实地调研情况，将临街建筑的类型分为三种[1]，分别是：公共建筑临街的形式，一般包括行政管理、商业金融、文化娱乐等类型的建筑，例如北京塔院小区（图 2-2）；商住混合式建筑临街的形式，一般指底层为商业、底层以上为住宅的建筑形式，例如北京星河苑住区（图 2-3）；住宅建筑临街的形式，指住宅直接临街的布置形式，例如百万庄小区（图 2-4）。

---

1 王何王.西安纺织城住区临街公共生活空间规划设计研究[D].西安建筑科技大学，2014.

图 2-2　公共建筑临街形式　　图 2-3　商住混合建筑临街形式　　图 2-4　住宅建筑临街形式
图片来源：作者自摄（2016.11）。　图片来源：作者自摄（2016.11）。　图片来源：作者自摄（2016.11）。

（3）入口。入口是住区的标识，袁野在其博士论文"城市住区的边界问题研究"中，依据主导功能的不同，对入口进行分类，分别是"象征性入口、功能性入口、辅助性入口以及车库入口"[1]，笔者进行了调研验证并沿用了他的分类方式。首先，象征性入口（图 2-5），一般是住区的门面，要起到标识以及吸引注意力的作用，所以尺度较为夸张；其次，功能性入口（图 2-6），是真正的人流和车流的出入口，设置铁门或电动门限制机动车通行，同时会配备门卫或保安，对来往行人进行盘查，尺度适中；辅助性入口（图 2-7）一般是作为消防等服务性或紧急性事件的临时性入口，所以大部分时间是不开放的，基本位于住区的角落空间；最后，车库入口（图 2-8），这种入口一般在以"人车分行"为规划模式的住区中会设置。

图 2-5　象征性入口　　　　　　　　　　　　　　　图 2-6　功能性入口
图片来源：作者自摄（2016.11）。　　　　　　　图片来源：作者自摄（2016.11）。

1　袁野. 城市住区的边界问题研究[D].清华大学，2010.

图 2-7　辅助性入口　　　图 2-8　车库入口
图片来源: 作者自摄（2016.11）。　图片来源: 作者自摄（2016.11）。

2.2.1.2　空间要素

住区临街边界空间的空间要素包括围墙空间、临街建筑空间、入口空间和转角空间四部分。

（1）围墙空间。围墙空间包括以围墙为中心的围墙外空间和围墙内空间。围墙内空间（图 2-9）指的是围墙到住宅建筑之间的空间。围墙内空间一般有两种形式：一种是住宅建筑出入口朝向围墙内空间，这种形式的围墙内空间一般比较宽阔，同时会有绿化、公共服务等设施的存在；另一种形式则是住宅出入口不朝向围墙内空间，这种形式的空间一般比较狭小，不适合人类活动，所以比较容易荒废，显得比较荒凉。围墙外空间（图 2-10）指的是围墙到车行道边缘部分的空间，一般包括绿化带、人行道等多种形式。

图 2-9　围墙内空间
图片来源: 作者自摄（2016.11）。

图 2-10　围墙外空间
图片来源: 作者自摄（2016.11）。

（2）临街建筑空间。临街建筑空间特指建筑直接临街时，从临街建筑的轮廓线到人行道路缘线所围合的相关空间[1]，例如北京华清嘉园（图 2-11）的临街建筑空间。

图 2-11　华清嘉园临街建筑空间
图片来源: 作者自摄（2016.11）。

（3）入口空间。入口空间是住区通向外围城市空间的必经之地，同时也是私密和开放的转换空间，所以对住区来说具有重要的价值。入口空间（图 2-12）是人行和机动车通行的通道，往往会形成小规模的开放空间。一般意义上的入口空间主要指封闭住区的入口空间，因为封闭住区的其他空间都被围墙所包围，只有出入口是与住区外围空间的过渡空间，但也不排除存在别的形式，例如北京百万庄小区（图 2-13），其住宅建筑的开口直接临街，营造了一种更舒适的空间。

1　王何王. 西安纺织城住区临街公共生活空间规划设计研究[D].西安建筑科技大学，2014.

图 2-12　入口空间
图片来源：作者自摄（2016.11）。

图 2-13　百万庄小区入口空间
图片来源：作者自摄（2016.11）。

（4）转角空间。转角空间是极其容易被忽略的空间，一般转角空间的理想模式是结合部分景观等形成小规模的开放空间，满足人们日常休闲的需求。但是笔者在调研过程中却发现很少有住区会刻意对转角空间进行设计，一般都是没有考虑的，或者是考虑欠佳的。例如华清嘉园（图 2-14）的转角空间就是大绿地的形式，再如清华大学西北社区（图 2-15）的转角空间是绿地结合广告牌的形式。

图 2-14　华清嘉园的转角空间　图 2-15　清华大学西北社区的转角空间
图片来源：作者自摄（2016.11）。　　图片来源：作者自摄（2016.11）。

2.2.1.3 小结

通过对住区临街边界空间实体要素和空间要素进行界定，可以明确之后的调研内容。对住区临街边界空间构成要素的调研包括：

（1）围墙及围墙空间，包括围墙的形式以及围墙内外空间的现状；

（2）临街建筑及临街建筑空间，包括临街建筑的类型、功能、空间现状；

（3）入口及入口空间，包括住区入口的形式及入口空间的现状；

（4）转角空间，住区转角的内外空间。

2.2.2 住区临街边界空间的作用

住区临街边界空间最主要的作用是将住区空间与城市其他空间进行分隔来保证住区的安全与私密性，更重要的是，住区临街边界空间是从住区私密空间跨向外部开放空间的中介过渡空间，特别是住区的入口空间，更是直接的过渡空间。住区临街边界空间还有一个重要的作用就是作为城市景观的重要组成部分，通过住区临街边界空间将住区内部景观与街道景观相衔接，打造连续丰富的界面。

2.3 相关规划理论研究

2.3.1 马斯洛需求层次理论

马斯洛需求层次理论（图 2-16）的主要内容是将人的基本需求分为五个层次，分别是低层次的生理需求、安全需求，高层次的交往需求、尊重与被尊重需求及最高层次的自我实现需求。人作为空间的主人，其需求就是空间设计最应满足的需求，所以临街边界空间应满足人的需求。笔者综合马斯洛需求层次理论并参考王何王在其硕士论文《西安纺织城住区临街边界空间规划设计研究》中的划分，对住区临街边界空间中的人的需求进行分类，分为安全需求、便捷通行需求、舒适性需求、日常活动与交往需求和文化与审美需求[1]。

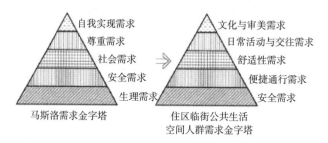

图 2-16　需求金字塔
图片来源: 王何王 . 西安纺织城住区临街边界空间规划设计研究 [D]. 西安建筑科技大学，2014。

（1）安全需求。安全是所有人的基本需求，只有安全需求被满足，才有条件考虑别的需求。这里的安全需求包括两方面：一方面是住区内居民的安全需求，即保证住区内部居民的生活不受干扰；另一方面是边界空间中行人的通行与活动安全需求，尤其是在机动车普及的今天，人行空间经常被机动车所侵占，所以，安全需求是人最基本也是最重要的需求。

（2）便捷通行需求。通行是空间的重要功能，在保障了安全需求之后，通行就是需要满足的第二个需求。便捷通行需求表达了两层含义，一是安全可通行，二是通行尽量便捷。

（3）舒适性需求。舒适的需求有几层含义：首先，舒适性指的是空间的景观是令人感到舒适的，包括空间的尺度、色彩等方面；其次，舒适性指的是人通行的舒适性，这里就包括了保障老年人、儿童、残疾人顺利通行的设施，例如扶手、盲道等。

1　王何王.西安纺织城住区临街边界空间规划设计研究[D].西安建筑科技大学，2014.

（4）日常活动与交往需求。日常交往活动的需求既包括散步、休憩等单方面的个人需求同时也应包括交谈、游戏等产生人与人之间互动交往的需求，所以这就要求边界具有足够的空间、合适的景观设置和简单的服务设施。

（5）文化与审美需求。这是最高层级的需求，只有满足了前面全部的需求之后才考虑文化审美方面的需求。无论是对于临街边界空间、街道空间、住区空间还是整个城市空间来说，都是城市文化的体现，是城市风貌的展示平台，所以良好的审美与文化体现也是临街边界空间不可缺少的。

2.3.2　环境行为研究

环境行为研究的核心是对人的行为与环境之间的互动关系进行研究，这主要包括两方面：一方面，人们通过改变自己的行为需求来适应环境；另一方面，就是通过不同手段来改变环境，适应人们的行为。经过长久的学习与发展，人们开始对人的心理、行为等与环境的关系展开研究，从而设计出更好的环境来满足人们的需求。接下来主要介绍其中的两个方面：一是不同种类活动的需求，二是不同年龄段的需求。

（1）不同种类的户外活动的需求。扬·盖尔曾发表著作《交往与空间》，对人在公共空间中的活动进行了探讨研究，并且将人在公共空间的户外活动划分为三种，分别是必要性活动、自发性活动和社会性活动。必要性活动，就是必须要发生的活动，例如上学、上班等日常生活中基本会发生的活动，也就是人们在不同程度上都要参与的活动。自发性活动并不是人们一定要的参与活动，是指在有明确的参与意愿时才会发生的活动，例如散步、休憩等。社会性活动是产生社会交往的活动，也就是人与人之间产生互动关系的活动，需要人的参与，例如交谈、游戏等。这三种不同的活动，对场所、时间、对象的要求也不同。

（2）不同年龄段的需求。笔者根据联合国世界卫生组织（WHO）[1]提出的年龄分段，将调研对象分为老年人即60岁以上（包括60岁）、中年人即45～60岁（包括45岁但不包括60岁）、青年人即18～45岁（包括18岁但不包括45岁）和未成年人即18岁以下（不包括18岁）四个阶段，具体研究市民的户外活动行为。18岁以下的未成年人，主要可以分为儿童和少年两种情况：首先，对于儿童来说，游戏是其户外活动的主要内容，由于其心智不成熟，对事物还缺乏认知能力，所以需要成年人时刻的看护；而少年是智力迅速发展的黄金时期，其日常活动是丰富多彩的，包括娱乐、社交、体育锻炼等。其次是18～45岁的青年人和45～60岁的中年人，他们是社会的中坚力量，其行为主要包括上下班及少部分上下学，所以户外的活动时间较短。最后是60岁以上的老年人，是一个比较特殊的群体，他们需要活动空间来锻炼和交往，同时也需要考虑一些助老的服务设施。通过对不同年龄段的分析，可以发现，不同的年龄段在户外活动的内容是不同的，其要求也是不同的，所以设计师在设计时需要充分考虑不同年龄段的活动内容以及不同年龄段的需求，这也是环境行为研究的重要内容。

2.3.3 适宜居住性理论

适宜居住性理论，就是研究什么样的住区更适宜居住，从而为新建社区以及社区的改造提供理论依据。适宜居住性理论是伴随着美国郊区化的无序蔓延产生的，由于住宅、商业等功能都被分散在郊外，使人们对机动车的需求增大，带来了诸多城市问题。之后，人们开始反思这种建设模式，适宜居住性理论应运而生。20世纪60年代，简·雅各布斯发表著作《美国大城市的死与生》，

1　世界卫生组织（World Health Organization，简称WHO）是联合国下属的一个专门机构，总部设置在瑞士日内瓦，只有主权国家才能参加，是国际上最大的政府间卫生组织。

她探索了一些如何让城市充满活力且适宜居住的理论。之后，人们展开了对适宜居住性的探索。适宜居住性理论的核心就是以步行、小流量的机动车为交通系统，设置丰富、方便的学校、商场、图书馆等服务设施，同时建造各类公园及开敞空间，打造丰富的景观环境，促进人们适宜的居住与良好的交往。

2.4　国内外案例借鉴

通过对国内外案例进行分析借鉴，为之后优化策略的研究提供基础。

2.4.1　国内案例借鉴

2.4.1.1　北京建外 SOHO

（1）案例概况

北京建外 SOHO（图 2-17）位于北京 CBD 核心区，号称是最具活力的 CBD 综合体，坐拥长安街，是 SOHO 中国的代表作之一。该项目是日本著名建筑师山本理显的作品。项目用地位于国贸桥的西南角，北邻长安街，且与国贸中心遥相呼应，南邻通惠河，且布置约 50m 的沿河景观绿化带，东面是主要交通出入口，西面则是社区花园。

图 2-17　建外 SOHO 位置

图片来源：作者根据百度地图改绘（2016）; SOHO 中国官网。

（2）规划设计特点

①规模和尺度：建外 SOHO 由尺度均在 2 ～ 3hm² 左右的 5 个小街区组成，其中包括 20 栋塔楼、4 栋别墅和 16 条小街，这种小街区的形式有利于交通，同时可增加邻里的亲密度。

②功能布局：建外 SOHO（图 2-18、图 2-19）主要有三种功能区，分别是住区、商务办公区以及绿地景观区，但其实其建筑的功能也不是严格划分的，它是一个集住家、店铺、办公于一体的功能混合的场所。

图 2-18　建外 SOHO 功能布局
图片来源：作者根据百度地图改绘（2016）。

图 2-19　建外 SOHO 内部建筑形态
图片来源：作者自摄（2016.11）。

③道路交通系统：建外 SOHO 像是一个迷宫，其中的 16 条道路在建筑群中流动，道路系统完全开放，与城市道路交通系统相连接，形成小街区、密路网的形式，有利于交通的微循环以及增加邻里之间的交往和亲密度。

（3）住区临街边界空间

建外 SOHO 是我国住区探索的一个里程碑，是开放住区发展的一个里程碑。它是完全开放的，一条条与城市道路相连的小街穿插到建筑群中，这样类似迷宫的建筑街道组合成了一个集居住、办公、商务娱乐、休闲于一体的混合空间。这里不存在明确的住区临街边界空间，因为其是完全开放的，只是在每栋建筑的入口设置保安或门禁等安保设施。

（4）案例小结

建外 SOHO 是我国在探索开放住区的道路上的一个里程碑，也是一个成功的开放住区，其住区空间与城市空间合理相融，顺应城市肌理。住区内道路网络与城市道路直接衔接，同时一条条小街也将住区划分成大小相近的多个小街区，行人可随意穿越。这种小尺度的街区形式，增加了人群邻里的交流，也方便了行人的通行。住区的配套设施也十分丰富，不再是封闭在住区内的服务设施，而是与整个城市共享的，是一个多功能的混合空间。通过建外 SOHO 的案例，我们可以认为，在城市的中心区实行住区的开放政策是可行的。这种开放的方式也会减少封闭住区所带来的城市问题，是一种值得提倡的住区规划形式，同时也是打开封闭住区的一种手段。

2.4.1.2　北京后现代城

（1）案例概况

北京后现代城（图 2-20、图 2-21）位于北京市朝阳区百子湾路 16 号，紧邻 CBD 中央商务区，北邻百子湾路，南邻百子湾南二路，东邻东四环中路，地铁 1 号线、10 号线环绕项目周边，出行较为方便，其定位是白领住区，价格在 CBD 区域相对较低。

图 2-20　后现代城的位置
图片来源：作者根据百度地图改绘
（2016）。

图 2-21　后现代城内部建筑形态
图片来源：作者自摄（2016.11）。

（2）规划设计特点

①规模和尺度：后现代城住区占地 20.63hm²，住区内部引入十字形的道路与城市交通相连，将住区划分为大小相近的 4 个部分，每个部分约 5 ~ 6hm²，是合理尺度的街区规模。

②功能布局：后现代城是一个专为白领打造的住区，为满足上班族的需求，提供 24 小时的酒店式服务，包括各种生活服务设施，具有办公、商务、娱乐等功能，是一个多功能的混合住区。南部以办公、商务、娱乐等功能为主，北部以居住功能为主。

③道路交通系统：后现代城的道路交通系统（图 2-22）与城市交通直接衔接，并在住区内部引入十字形的道路，作为城市支路，提高了城市交通的密度，分散了住区对城市交通的压力。同时也将住区划分为尺度相当、规模适宜的几个部分，增加了邻里的亲密度，并且是住区服务设施以及商业娱乐等设施集中的地带，街道边缘空间多为停车空间。

图 2-22　十字支路路口
图片来源：作者自摄（2016.11）。

（3）住区临街边界空间

后现代城住区也是北京开放住区的代表案例。它没有明确的住区临街边界空间。值得强调的是，其住区内引入了十字形的城市支路，支路两边的住宅建筑底层设置商业、娱乐等服务设施，这种形式使得十字形的支路不仅是住区的主要交通流线，同时也成了住区日常生活的载体，打造了连续、丰富的充满生活的街道空间。街道边缘部分多作为停车空间，整齐停放的汽车也减少了对人行空间的侵占，是不错的处理方式。

（4）案例小结

北京后现代城住区是对开放住区模式的探索，这个案例最值得借鉴的地方就是城市支路的引入。十字形的城市支路，不仅承担了住区主要人流与车流，同时也是住区内商业、娱乐等服务设施汇集的主要场所，所以支路不仅满足了交通通行的需求，也是人们日常生活中的重要场所。笔者在调研时还发现支路两边整齐停放着车辆，使得机动车能合理停放而不侵占人行空间，也是一种停车空间的处理方法。

2.4.2　国外住区案例借鉴

2.4.2.1　日本东京幕张新都心住区

（1）案例概况

日本早期的住区建设也是以封闭住区的模式为主，但经过长久的发展，封闭住区千篇一律的形式不仅对城市的肌理有所影响，也使得住区与城市相隔离，带来了诸多的城市问题，于是日本逐渐展开了对新住区模式的探索，所以日本的住区改革经验十分值得我们学习借鉴。幕张新都心住区（图 2-23）就是日本住区探索的一个重要案例，幕张新都心住区位于东京幕张新城的东南角，与城市中心相邻，是一个以居住为主，集商业、娱乐、教育等功能于一体的多功能住区。

（2）规划设计特点

①规模和尺度：住区被城市道路划分为 13 个小街区，根据日照的规律，尽量采用东西长、南北短的街区形式，每个街区的规模约为 1hm^2，顺应道路

图 2-23　幕张新都心住区
图片来源: 网络下载。

的形态, 同时顺应城市的肌理。

　　②功能布局: 住区的布局 (图 2-24、图 2-25) 按照楼层的高度进行分类,
分为中层、高层和超高层三种, 公共服务设施以及绿地等开放空间遍布住区内
部。建筑物尽量沿街进行周边式布局, 尽量顺应街道的形态, 顺应城市肌理,
这是幕张新都心住区最大的特点。住区的住宅以居住为主要功能, 同时兼具办
公、娱乐、商业等功能, 是开放、具有人气的都市社区。

图 2-24　住区的平面图
图片来源: 王红卫 . 城市型居
住街区空间布局研究 [D]. 华南
理工大学, 2012.

图 2-25　住区内部布局
图片来源: 王红卫 . 城市型居住街区空间布局研究 [D]. 华南理工大学,
2012.

　　③道路交通系统: 幕张新都心住区的交通形式主要为方格网状, 向外与城
市道路交通相连接, 顺应城市的肌理, 不仅分散了住区内部的交通压力, 同时

也缓解了城市交通通行的压力。沿街建筑物高度的设置也充分考虑了合理的街道尺度，一般设置 5 ~ 6 层，部分高层建筑区会设置 1 ~ 2 层商业，形成宜人的街道尺度。

（3）住区临街边界空间

同样作为开放住区的代表，幕张新都心住区（图 2-26、图 2-27）也没有明确的住区临街边界空间，主要形式为住宅结合底商直接临街，形成连续的建筑界面和丰富的街道空间，同时由于住宅高度不同，其住宅临街的形式也有所不同，充分丰富了临街的空间界面。

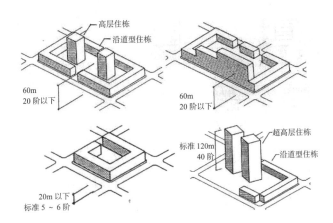

图 2-26　住宅临街的几种形式
图片来源：王红卫 . 城市型居住街区空间布局研究 [D]. 华南理工大学，2012.

图 2-27　住区内部空间
图片来源：王红卫 . 城市型居住街区空间布局研究 [D]. 华南理工大学，2012.

（4）案例小结

幕张新都心住区是日本从封闭的居住小区模式向开放的街区模式探索的产物，由于和我国的发展具有相似性，所以在很多方面值得我们借鉴学习。首先，从住区的尺度来说，住区合理的小尺度丰富了邻里的交往，促进了人与人之间的交往；其次，从住宅的布局来说，住宅采用围合式的布局，主要为了顺应城市街道、顺应城市肌理，使城市的中心地带形成了若干个富有活力的小街区空间，同时，住宅直接临街，底商的布置也使整个街道空间充满人气与活力。网络状的交通系统与城市交通相衔接，不仅疏散了住区的压力，同时也缓解了城市的交通压力。住区临街形式的多样化，使得临街边界空间的形式丰富多样，形成了连续、丰富的界面，是十分值得我们借鉴的。

2.4.2.2　纽约巴特利公园城

（1）案例概况

美国对住区与城市模式的探索也经历了多个阶段。最初，美国的郊区化现象严重，大量的城市功能被疏散到郊区，而使得机动车的使用频率大大提高，带来了诸多城市问题。人们开始怀念住区、商务、娱乐等功能都在步行范围内的生活，于是美国也开始了对适宜生活的住区模式的探索。建于 20 世纪 80 年代的纽约巴特利公园城（图 2-28）就是美国住区探索中的一个重要的案

图 2-28　住区位置
图片来源：专筑网 http://www.
iarch.cn/thread-16627-1-1.html

图 2-29　住区平面图
图片来源：王红卫. 城市型居住街区空间布局研究 [D]. 理想空间，2008.

例，它位于纽约曼哈顿的西南角，与哈德逊河相邻，是美国新住区形式的典型代表。

（2）规划设计特点

①规模和尺度：纽约巴特利公园城占地 37.2hm^2，可容纳 9000 户居民，其中住宅用地占 42%，商业用地占 9%，开敞空间占 30%，道路用地占 19%[1]。

②功能布局及道路系统：纽约巴特利公园城（图 2-29）是一个集居住、商务、商业娱乐、休闲于一体的住区。自 20 世纪 60 年代开始建设，否定了原来的大规模高层建筑群的模式而采用了现有街道格网不断延伸的模式，同时为公众提供了充足的活动空间，在曼哈顿相当罕见。中间的金融商务区将住区一分为二，住区的规划理念顺应城市道路，形成了小街区、密路网的格局。

（3）住区临街边界空间

作为开放的街区型住区，没有明确的住区临街边界空间。建筑直接临街，同时十分注意建筑立面以及与城市空间相接处的公共空间的设计，打造了丰富、连续的建筑界面与充满活力的公共空间。

（4）案例小结

巴特利公园城（图 2-30）作为较大型的住区，其住区模式打破了以往大型封闭住区的模式，而采用了小街区的开发形式，最值得一提的是，其住区建

图 2-30　住区临街边界空间

图片来源：杨德昭 . 新社区与新城市：住宅小区的消失与新社区的崛起 [M] . 北京：中国电力出版社，2006.

1　杨德昭.社区的革命——世界新社区精品集萃[M] .天津：天津大学出版社，2007.

筑的界面空间设计十分考究。建筑的布局尽量适应城市道路的肌理,打造连续、丰富的界面。巴特利公园城还十分强调公共空间的建设,在广场、公园、社区绿地等的设计方面都比较用心,也是值得我们借鉴的地方。

2.5 本章小结

本章通过对边界、住区临街边界空间的基本理论以及相关规划的理论进行梳理,明确了边界的内涵、住区临街边界空间的构成元素和作用以及相关的规划理论基础,为之后的实地调研提供了理论基础。

本章将住区临街边界空间的调研内容总结为以下三大方面:

(1)住区概况,包括住区的历史背景、区位、住区规划结构及布局;

(2)住区临街边界空间现状:临街边界空间的构成要素,即围墙及围墙空间、临街建筑及临街建筑空间、入口及入口空间和转角空间;

(3)人群满意度评价,包括人群对现状的满意度和对未来的需求。

同时,通过对国内外的住区案例进行分析借鉴,也掌握了一些关于住区规划和住区临街边界空间的设计手法:

(1)街区尺度规模控制:无论是北京建外 SOHO、幕张新都心住区还是巴特利公园城,都是将每个街区的规模进行合理控制,以保证日常的邻里交往,这是区别于大型封闭住区的地方;

(2)道路交通网络与城市道路网络相接:住区被小街巷分割为尺度、规模合理的组团,而网络状的道路交通系统不仅分散了住区的交通压力,同时也缓解了城市的交通问题,是顺应城市的肌理而非大型封闭住区打破城市肌理的建设;

(3)多功能混合布局:通过以上案例分析可以看出,多功能混合布局的住区不仅可以丰富人们的活动，为居住带来方便，同时由于住区人群活动较多，也可以避免产生安全隐患；

（4）服务设施沿街布置：住区内的服务设施不再封闭在住区内部，而是与城市共享，不仅为行人提供了便利，同时增添了街道的生活气息，打造了富有活力的街道空间；

（5）停车空间的合理设置：随着机动车的普及，机动车的通行以及停车问题日趋严重，合理设置停车空间不仅能满足机动车的停放需求，也是保证行人通行、娱乐活动不被打扰的重要方式，同时也是活跃街道空间的手段；

（6）绿地、广场等公共空间的布置：绿地、广场等公共空间的设置是提升住区活力以及环境质量的有力手段，也是丰富住区活力空间的重要手法。

第 3 章　现状调研与分析

本章为北京城市住区临街边界空间现状的调研与分析部分，具体包括以下四方面内容，分别是：调研对象的选取，调研人群的选择，方法和内容的确定以及具体调研内容的分析。通过对调研数据的统计与整理，为之后对现状问题的分析及优化策略的提出提供了翔实的基础资料。

3.1 调研对象

本文对调研对象的选取分为三个阶段：首先是对现存北京城市住区进行分类；然后对每类住区进行大范围初步调研，明确每类城市住区临街边界空间的特征；最后再选择每类住区中具有代表性的案例为调研对象进行详细调研。

3.1.1 北京城市住区的分类

如果我们对北京当代主要的几种城市住区按照出现时间顺序进行大致分类，可以分为以下几种类型：传统思想留存其中的胡同街坊式住区，邻里单位思想传入后的周边街坊式住区，计划经济体制下的单位大院式住区，后期邻里单位和居住小区思想影响下的居住小区式住区，最后是现代多元思潮发展下的封闭式住区和开放的城市街区式住区（表3-1）。

北京城市住区的分类 表3-1

类型	形成机制	盛行年代	代表住区
胡同街坊式住区	"井田制"传统空间观念、等级制度	元明清时期	菊儿胡同

续表

类型	形成机制	盛行年代	代表住区
周边街坊式住区	邻里单位理论、苏联街坊思想的影响	20 世纪 50 ~ 60 年代	酒仙桥住区
单位大院式住区	单位社会、计划经济体制	20 世纪 50 ~ 70 年代	住建部大院
居住小区式住区	后期邻里单位及苏联小区思想的影响	20 世纪 70 ~ 80 年代	北京安贞里小区
封闭式住区	"组团 - 居住小区 - 居住区"的三级规划结构	20 世纪 90 年代至 21 世纪	北京星河苑住区
城市街区式住区	开放、以人为本的思想及国外"BLOCK"规划的影响	21 世纪的新探索	北京建外 SOHO

资料来源: 作者根据资料绘制。

3.1.2　不同类型北京城市住区临街边界空间的特征

通过对北京城市住区进行分类，粗略调研每类住区临街边界空间的特征，为之后选定代表性住区提供基础。

3.1.2.1　胡同街坊式住区临街边界空间

在中国传统土地划分思想"井田制"的影响下，古代城市规划呈现出方格网形式，并且有严格的等级划分制度。初期的"闾里"等里坊制度使住区完全封闭，到宋代，街坊面向街道开放而形成了街巷制，元明清时期延续了宋朝的传统，直到现存的胡同街坊式住区，例如菊儿胡同等。胡同街坊式住区是北京极具代表性的传统住区形式。吴良镛先生也曾以菊儿胡同为例，对其所在的大街坊——元代"昭回靖恭坊"进行研究。这种胡同街坊式住区看似封闭，但其封闭的边界其实只存在于四合院的院墙。街坊体系内的胡同、街巷等都承载着交通与生活功能，是居民日常通行、交流和生活的载体。从这一角度进行分析，胡同街坊式住区其实是开放的住区，其住区功能与其他城市功能之间并不存在明显的边界。

3.1.2.2　周边街坊式住区临街边界空间

新中国成立初期，由于内战的损耗，城市百废待兴。而此时，"邻里单位"和苏联的"街坊"规划思想传入中国，住区的建设在其影响下，在规划布局方面强调周边式围合布置，即住宅沿街布置，围合形成住区内部的公共活动中心，整体住区规划布局呈现出严格的秩序感。例如北京百万庄小区是新中国成立初期街坊式住区的代表，其住区内部道路系统与城市道路系统相连接而住宅沿街布置，内部设有对城市开放的公共服务设施，部分住宅出入口直接临街，部分住宅外设置半围合性质的围墙。

3.1.2.3　单位大院式住区临街边界空间

单位，是我国计划经济体制下的特殊产物，是由于对苏联经济体制的照搬而形成的国家政治、经济和社会结构的基本组成细胞和运行单元[1]。北京作为首都，是单位制的发源地和集中地，北京的单位大院也就相应地遍及整个城市，成为城市形态构成的基本细胞[2]。连晓刚通过文献整理和实地调研，在其硕士论文中将单位大院分为四种形式（表 3-2[3]）：

北京单位大院的分类　　　　　　　　　　　　表 3-2

大院类型	举例
部队大院	中国人民解放军歌舞团大院、总政治部黄寺大院、军事医学科学院等
机关大院	住房和城乡建设部大院、航天部部直大院、核工业部第二设计院、解放军301 医院等
工厂大院	北京第二棉纺织厂、中国青年出版社印刷厂等
学校大院	中央党校、清华大学等

资料来源：连晓刚.单位大院：近当代北京居住空间演变 [D].清华大学，2015.

1　乔永学.北京"单位大院"的历史变迁及其对北京城市空间的影响[J].华中建筑，2004（5）.
2　吕俊华，彼得·罗，张杰.中国现代城市住宅:1840-2000 [M].北京：清华大学出版社，2003.
3　连晓刚.单位大院：近当代北京居住空间演变[D].清华大学，2015.

单位大院作为我国特有的一种居住形式，主要有以下几个特点：其一是封闭性，大院一定是被围墙包围的封闭大院，具有很强的防范性。其二是自给自足，这也是大院的一个显著的特点，大院内部各种功能齐备，工作、生活等日常行为都可以在大院内部解决。其三是熟人社会，这是由大院自给自足的特性所决定的，大院内的居民在同一个封闭空间中工作与生活，所以单位大院属于典型的封闭住区，其临街边界空间多由不通透的围墙所围合。单位大院发展至今，部分大院形式已经发生转变，住区居民开始流动，部分大院不再是完全封闭的形式，边界也开始引入底商。

3.1.2.4　居住小区式住区临街边界空间

邻里单位思想传入，其理论在我国逐渐发展成熟。1957 年，北京市的城市总体规划中正式提出以 30 ～ 60hm² 的小区来组织城市居民生活的基本单位，城市中出现了完整建设的居住小区。进入 20 世纪 80 年代，随着改革开放和经济的振兴，规划设计上也开始改变只为解决住房问题的建设模式，逐渐从空间结构等方面进行新的探索，开始以组团为基本单位进行空间组织，按照当时的住区规范，形成了"四菜一汤"的布局模式，即将居住小区分为 4 个组团，每个组团约 500 户，组团中心设置一块公共绿地，小区多为封闭模式，四周有不通透或半通透的围墙进行围合。这种形式很快在全国实行起来。例如北京塔院小区，其清晰简洁的道路空间与点式和条形住宅的巧妙搭配，丰富了空间的组合形式，并创造了优美的居住环境。

3.1.2.5　多元化住区规划思想下住区临街边界空间

1998 年以后，市场竞争模式逐渐占据主流，住房分配制度开始退出而走上了商品化的道路。这时候，住区的规划设计也逐渐摆脱了单一的结构模式，开始朝多元化发展。这一时期最具有代表性的两类住区模式，分别为现代封闭式住区及城市街区式住区。

（1）现代封闭式住区临街边界空间

现代封闭式住区是目前北京的一种主流的住区模式，使这种住区成为主流的原因，可以从四方面进行解释：首先，从开发的角度来说，封闭住区更易开发且成本更低；从规划设计的角度看，这是一直以来的设计惯性，封闭的边界形式是从原始部落开始就采用的模式，主要用来保卫居住安全不被侵犯；从管理者的角度来说，封闭住区更易管理，且管理成本更低；最后从居民的角度来说，封闭住区会使居民产生强烈的安全感，同时可以避免与非住区居民共享住区内的公共服务设施。这种住区模式采用围墙或底商对住区进行围合，并在住区出入口设置电子道闸或保安，限制机动车及行人的通行。例如分布在石景山路南北两侧的远洋山水住区，其临街边界空间的围合形式包括通透的围墙以及底商等公共服务设施。

（2）城市街区式住区临街边界空间

不可否认的是，封闭式住区模式的确更具有安全性和私密性，且更易于管理，但随着城市的发展，封闭住区模式的弊端也逐渐显现出来。封闭住区带来了许多城市问题，例如城市肌理的破碎、街道空间的失活，同时，超大尺度的封闭住区还对城市交通造成了十分严重的影响，有碍于居民的出行。与此同时，国外成熟的街区型住区模式也开始吸引我国规划者的目光，我国住区规划也开始了对街区型住区模式的探索。街区式住区一般位于城市的一个街区内部，街区不设围墙，不仅提供居住，也提供丰富的商业及休闲娱乐配套设施，加强了居住与其他城市功能的交流与互动，使住区居住生活与城市生活合理交融。这里最值得一提的就是万科集团，它最早开始对街区式住区进行探索，设计了万科城市花园系列住宅。北京建外 SOHO 也是对街区型住区进行探索的典型代表，它位于北京 CBD 核心区，与封闭住区不同的是，它是不设围墙的，住区内规划的道路直接与城市街道相连，在每栋建筑的入口设置保安等门禁系统来维护住户的安全。

3.1.2.6 小结

通过对不同类型的北京城市住区临街边界空间进行粗略调研，明确其边界空间的主要特征，为之后的详细调研对象的选择提供依据（表 3-3）。

不同类型的北京城市住区临街边界特征   表 3-3

住区模式	胡同街坊式	周边街坊式	单位大院式	居住小区式	现代封闭式	城市街区式
封闭与开放	家庭封闭性强，大小街坊开放	空间形态围合，但对城市开放	封闭性强	封闭	封闭	开放，街道是交往场所
边界形式	四合院外墙	住宅临街，围墙	围墙	围墙为主	围墙，底商	开放边界

资料来源：作者根据资料绘制。

3.1.3　调研对象的选取

经过以上对当代北京几种主要的城市住区进行分类并粗略调研分析其住区临街边界空间的特征之后，针对每一类住区形式，选择具有代表性的住区进行详细调研，但以下几种形式的住区不划进详细调研的范围内：

（1）胡同街坊式住区是北京传统思想的产物，是历史遗留下来的印记。其真正意义上的封闭只存于四合院外墙的围合，所以不划进详细调研的范围内。

（2）单位大院中的工厂大院形式的住区由于进行了整治更新，没有留存下完整形式，所以不纳入详细调研的范围。

（3）城市街区型住区没有确定形式的边界，向城市开放，所以不纳入详细调研的范围。

最终确定的具体调研对象如表 3-4 所示。

调研对象的选取 表3-4

住区类型			具体调研住区		原因
周边街坊式住区			北京百万庄小区		新中国成立后第一批街坊住区,保存较为完整。
单位大院式住区	部队大院		中国人民解放军歌舞团大院		部队大院大部分外迁,只有部分总政大院还保留在市区。此处为典型的部队大院,工作区与居住区有围墙隔开,但不可进入采访与拍摄
	机关大院		住房和城乡建设部大院		机关大院的代表,住区、工作区以及服务区都具备,并且分别与城市主干道、次干道、住区相邻,具有代表性
	学校大院	清华大学住区空间	西北社区		学校大院的代表,又因为是旅游景点而具有特殊性。西北社区和荷清苑这两个住区是清华大学住区的代表,两住区相邻且均为较封闭的住区,处在清华大学的边缘区
			荷清苑		
居住小区式住区			北京塔院小区		20世纪80年代小区思想下的产物,其住区规划的模式不仅在当时引起了轰动,时至今日,仍然是一个高品质的小区,清晰简洁的道路空间及点式和条形住宅的巧妙搭配,丰富了空间的组合形式,并创造了优美的居住环境
现代封闭式住区	中心区		北京华清嘉园		位于五道口商圈内,地处繁华中心区
	边缘区		北京晶城秀府		处于较为边缘的南四环附近,相邻住区较封闭

资料来源:作者根据调研资料自绘。

调研住区在北京城区内分布较均匀,具体分布如图3-1所示。

3.2 调研人群

调研人群的选择充分考虑了各种情况,既包括常住居民也包括路过的人群,尽可能全面地进行选取,具体包括以下三部分人群:

(1)该住区的居民;

(2)居住在周边住区并在此住区临街边界空间逗留或通行的居民;

(3)偶尔路过此住区临街边界空间的行人。

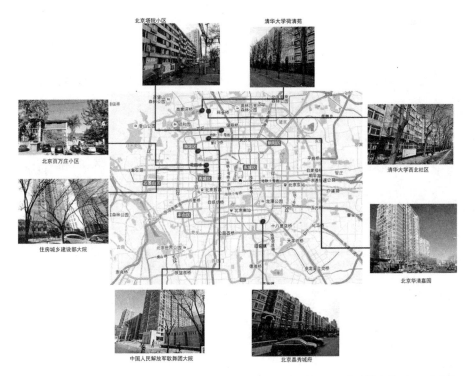

图 3-1　北京城市住区调研点分布
图片来源：作者根据百度地图改绘（2016.11）。

3.3　调研方法与内容

　　调研以文献资料检索、地图检索、实地考察、访谈和派发调研问卷为主要方式。

　　实地调研的主要内容包括三个部分，分别是：

　　（1）住区概况：住区的历史背景、区位、住区规划结构及布局；

　　（2）住区临街边界空间现状：临街边界空间的构成要素即围墙及围墙空间、临街建筑及临街建筑空间、入口及入口空间和转角空间；

　　（3）人群满意度评价：人群对现状的满意度和对未来的需求。

3.4 具体调研内容分析

笔者对具有代表性的以下八个住区进行了实地调研及访谈，力求得到最真实和准确的数据，并且通过派发调研问卷的方式明确了人群对住区临街边界空间的真实满意程度和未来需求，填补这部分数据的空缺，也为之后的规划设计提供了参考的基础数据。本次调研共发放问卷 200 份，收回问卷 186 份，有效问卷 170 份，有效率为 85%（表 3-5）。

<table>
<tr><td colspan="5" align="center">调研问卷统计　　　　　　　　　　　　表 3-5</td></tr>
<tr><th>住区名称</th><th>总发放问卷</th><th>回收问卷</th><th>有效问卷</th><th>有效率</th></tr>
<tr><td>北京百万庄小区</td><td>30</td><td>28</td><td>26</td><td>86.67%</td></tr>
<tr><td>解放军大院</td><td>20</td><td>20</td><td>18</td><td>90%</td></tr>
<tr><td>住建部大院</td><td>20</td><td>19</td><td>15</td><td>75%</td></tr>
<tr><td>清华大学西北社区</td><td>20</td><td>18</td><td>17</td><td>85%</td></tr>
<tr><td>荷清苑</td><td>20</td><td>18</td><td>16</td><td>80%</td></tr>
<tr><td>北京塔院小区</td><td>30</td><td>29</td><td>28</td><td>93.33%</td></tr>
<tr><td>华清嘉园</td><td>30</td><td>28</td><td>25</td><td>83.33%</td></tr>
<tr><td>北京晶城秀府</td><td>30</td><td>26</td><td>25</td><td>83.33%</td></tr>
<tr><td>总数</td><td>200</td><td>186</td><td>170</td><td>85%</td></tr>
</table>

资料来源: 作者根据调研资料自绘。

以下详细介绍每个住区的现状调研情况。

3.4.1 北京百万庄小区

3.4.1.1 住区概况

新中国成立初期，城市百废待兴，第一个五年计划伊始，北京被定位为大工业城市，所以城市的工业被推到了十分重要的位置，这时提出的口号是"为生产服务"和"为劳动人民服务"，所以，为了解决工人的住房问题，在工业区附近陆续兴建了若干机关和工人宿舍。1953年，著名建筑设计大师张开济的杰作——北京百万庄小区建成。百万庄小区（图3-2）是以安排干部居住为主的居住区，以地支"子、丑、寅、卯、辰、巳、午、未、申"划分各个组团，整体布局借鉴了我国古代的八卦阵形式。住区有明确的对称轴线，每个住区由多个周边式街坊组成，建筑沿四周道路布置。住区内道路系统为网格状，并且住区内主干路与城市道路相接。住区内的建筑（图3-3）以2～4层的低层住宅为主，红白相间，是典型的苏联建筑风格。百万庄小区是当时典型的街坊式住区，经过岁月的洗礼，承载着很多人的记忆，但现在的百万庄小区由于年久失修，稍显破败，急需进行整治，来恢复她以往的风采。

图3-2 北京百万庄小区　　　　　　　　图3-3 北京百万庄小区内建筑形态
图片来源：作者根据百度地图改绘　　　　图片来源：作者自摄（2016.11）。
　　　　　　（2016.11）。

3.4.1.2 住区临街边界空间现状

根据笔者的实地调研，对住区的临街边界空间现状进行整理分析。笔者的研究对象为住区临街边界空间，百万庄小区所临街道中，百万庄北街及百万庄小区与百万庄北里小区之间的支路十分狭窄，所以不作为主要的研究对象，车公庄大街为交通性道路，也不作为主要的研究对象，所以主要研究对象为百万庄大街，具体对住区的临街边界空间现状进行整理分析（表3-6）。

北京百万庄小区临街边界空间现状   表 3-6

位置	现状形式	现状描述
车公庄 大街		车公庄大街,作为城市主干道,主要承担城市交通通行功能。住区的入口虽朝街道开放,但有绿化带进行隔离,并且在楼前保留了一定的通行空间,这样既可以保证住区的安全和安静,也可以保证街道的通行顺畅,是值得提倡的一种形式,但前提是要有足够的后退红线距离
百万庄 大街		百万庄大街,作为城市生活性道路,更多地承担了居民的日常生活。住区以通透式围墙进行围合隔离,同时将每栋住宅楼入口处开放。围墙围合了一定的楼前空间,但目前并未得到良好的应用,而是被杂物或垃圾占据。围墙外空间主要为人行空间,但笔者调研期间发现人行空间被汽车占用现象严重,停车问题亟待解决。部分街道设施,例如垃圾箱和座椅等,较为破旧,利用率低
百万庄 北街		百万庄北街处在百万庄小区东部,与经易大厦、北京市西城外国语学校相邻,十分狭窄。住区临街边界部分以围墙进行围合,部分住区道路直接与百万庄北街相连。该路段停车问题十分严重,车辆不仅沿街停放,还堆在住区入口附近,十分混乱

位置	现状形式	现状描述
相邻住区之间		百万庄小区与百万庄北里小区之间的相邻边界空间，十分狭窄。百万庄小区的住宅楼的入口直接临街，而百万庄北里小区则是用围墙进行围合，并且大门处还设置了电动道闸并配备保安。由于街道狭窄，车辆经过和停放都会带来通行不便的问题

资料来源: 作者自摄（2016.11）。

3.4.1.3　人群满意度评价

本次调研共发放问卷 30 份，收回问卷 28 份，有效问卷 26 份，有效率为 86.67%。对调研数据进行整理和统计如下:

（1）调查人群基本情况分布

笔者根据联合国世界卫生组织提出的年龄分段，将本次被调研者的年龄（图 3-4）进行分段统计，分为老年人即 60 岁以上（包括 60 岁）、中年人即 45 ~ 60 岁（包括 45 岁但不包括 60 岁）、青年人即 18 ~ 45 岁（包括 18 岁但不包括 45 岁）和未成年人即 18 岁以下（不包括 18 岁）四个阶段。在有效问卷中，18 岁以下的被调研者 4 人，占 15.38%；18 ~ 45 岁的被调研者 5 人，占 19.23%；45 ~ 60 岁的被调研者 10 人，占 38.46%；60 岁以上的被调研者 7 人，占 26.92%。同时，对性别（图 3-5）进行分类调研，其中男性被调研者 15 人，占总人数的 57.69%；女性被调研者 11 人，占总人数的 42.31%。经过数据统计发现，被调研者中，中年人数最多，老年人次之，而青年和未成年人数最少，说明住区临街边界空间虽然被认为是人们日常上下班或上下学的必经之地，但其实更是中年人和老年人日常活动的重要场所。在居住地（图 3-6）情况的调研中，被调研者中偶尔路过的行人 5 人，占 19.23%；周边住区居民 5 人，占 19.23%；该住区居民 16 人，占 61.54%。可见，住区临街边界空间主要为住区内部居民的常见活动场所，同

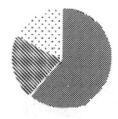

ⅱ18岁以下 ⅹ18-45岁
※45-60岁 ·.60岁以上

※男 ·女

ⅹ该住区 ▨周边住区 ·.路过

图3-4 被调研者年龄分布
图片来源: 作者根据调研数据
自绘

图3-5 被调研者性别分布
图片来源: 作者根据调研数据
自绘

图3-6 被调研者居住地分布
图片来源: 作者根据调研数据
自绘

时吸引了少量非本住区的居民来活动以及部分行人路过。

（2）经过住区临街边界空间的频繁程度和时间分布

对被调研者年龄与经过住区边界频繁程度（图3-7）的数据进行统计，可以看出，大部分居民经常进出住区临街边界空间并且以中年人居多，其次为老年人，未成年人和青年人较少。笔者根据一天24小时制对时间段进行划分，分为6:00～9:00为早晨、9:00～12:00为上午、12:00～15:00为中午、15:00～18:00为下午、18:00～0:00为夜晚、0:00～6:00为凌晨六个阶段。对被调研者年龄与经过住区边界时间段（图3-8）的数据进行统计，可以看出，未成年人和中年人经过住区边界空间的时间比较分散，老年人在早晨和上午出

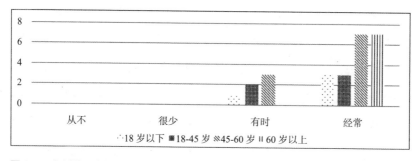

从不　　　　很少　　　　有时　　　　经常
·.18岁以下 ▨18-45岁 ※45-60岁 ⅱ60岁以上

图3-7 经过边界空间的频繁程度分布
图片来源: 作者根据调研数据自绘。

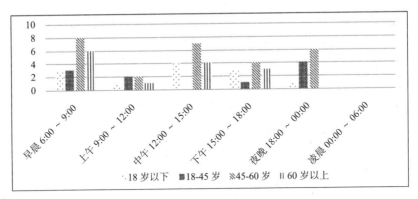

图 3-8　经过边界空间的时间段分布
图片来源: 作者根据调研数据自绘。

行较频繁，而青年人出行则密集分布于早、晚两个时间段。

（3）日常活动内容的分布

笔者将人群在临街边界空间的日常活动（图 3-9）分为以下几种：购物或其他消费、散步、与人交谈、锻炼身体或游戏、休憩、贩卖、通行和其他。经过数据统计发现，虽然通行是被调研者最日常的活动，但玩耍、散步、交谈和休憩等积极与住区临街边界空间产生互动的行为也占据了大部分比例，说明被调研者与临街边界空间的互动较为频繁，同时也发现购物和贩卖活动较少，可

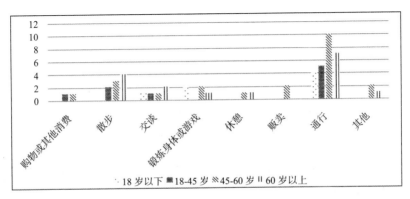

图 3-9　边界空间的日常活动内容分布
图片来源: 作者根据调研数据自绘。

以看出该空间缺少底商等服务设施，通行比例较高，则说明该住区临街边界空间的休憩休闲设施较少，街道活力有待提升。

（4）住区临街边界空间吸引力分布

被调研者在临街边界空间的活动频繁，究竟是什么因素吸引人群在边界空间进行活动呢？笔者对住区临街边界空间对人群的吸引力（图3-10）进行划分，分别是临街底商设施、休憩设施、环境优美、交通方便、必经之地和其他。经过数据统计发现，临街底商设施和休憩设施吸引力最低，说明该住区的临街底商、休憩等公共设施较少或不方便，而搭乘公共交通和必经之地这两项所占比例最高，说明临街边界空间的通行人数较多，更加证明了公共交通设置方便或者是街道休憩设施设置较少。

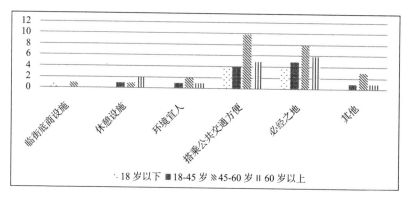

图3-10　住区临街边界空间的吸引力分布
图片来源：作者根据调研数据自绘。

（5）住区临街边界空间满意度分布

笔者为了解被调研者对该住区临街边界空间的满意度，将满意度进行四程度划分，并对其作出评分，评分标准如下：4=[非常满意]、3=[比较满意]、2=[一般]、1=[不满意]。其中，非常满意代表已经满足所有需求且无需改造；比较满意代表满足大部分需求，可进行部分改造，以满足更多需求；一般满意代表满足部分需求，可进行大部分改造，或者是无关系，没有具体要求；不满意代表十分有必要进行改造。依据以上标准，选取该住区居民、周边住区居民、路过行人三类人群对住区周边交通状况、住区边界围墙形式、底商、入口空间、转角空间、绿化、设施进行评价，对统计数据进行计算得出满意度评价，计算结果小数点后第二位四舍五入（表 3-7），同时绘制雷达图以便于分析（图 3-11）。

住区临街边界空间现状满意度评价　　　　　　　　表 3-7

	该住区居民	周边住区居民	路过行人	平均值
交通状况	1.00	2.67	2.00	1.89
围墙形式	2.60	2.00	2.00	2.20
底商	1.00	1.00	1.00	1.00
入口空间	2.00	2.00	1.00	1.67
转角空间	1.00	2.00	2.00	1.67
绿化景观	1.00	2.00	2.00	1.67
街道设施	1.00	2.00	2.00	1.67

资料来源：作者根据调研数据自绘。

　　调研数据统计结果显示，三类人群对住区临街边界空间的评价的平均值均处于一般与不满意之间，对底商的评价最低，说明该住区临街边界的环境质量不甚令人满意。

　　根据雷达图进行分析，该住区居民对住区临街边界空间整体不甚满意，其中对交通状况、街道设施、绿化景观、转角空间的评价最低，说明临街边界空间在居民日常生活方面发挥作用较少，

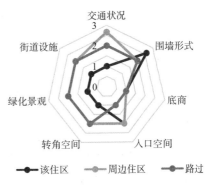

图 3-11　满意度雷达图
图片来源：作者根据调研数据自绘。

环境质量较差；周边住区居民对住区边界评价一般，对底商、交通状况、街道设施以及绿化景观评价最差，说明对周边住区居民吸引力较小，也从侧面反映出临街边界空间可发生的日常活动较少，底商等公共服务设施缺乏；路过行人对各方面评价都一般，而对底商和入口空间评价极低，说明入口空间处可能会出现拥堵，影响行人通过，底商等设施缺乏也带来了诸多不便。

（6）住区临街边界空间的未来需求

通过对调研问卷及访谈结果进行分析，发现大部分该住区的居民希望在临街边界空间设置部分底商，满足日常购物消费的需求，同时希望在街道设置部分休憩设施，满足中、老年人散步、交谈等需求，而行人则最希望改善机动车侵占人行空间的状况，不仅解决交通拥堵等通行困难的问题，同时为机动车停车找到更合适的去处。

3.4.1.4 小结

笔者通过实地调研及访谈发现，北京百万庄小区临街边界空间的围墙形式比较符合被调研者的需求，同时公共交通设置也比较方便，可满足人们的日常生活需要，但现在问题仍较多，主要有以下几个方面：

（1）住区临街边界空间被机动车侵占现象严重，这就导致了行人通行困难，同时车辆的乱停乱放也容易造成交通拥堵。尤其是较为狭窄的道路空间，停车问题直接导致通行不畅，百万庄北街和百万庄小区和百万庄北里小区之间支路问题较为严重。

（2）住区临街边界空间缺少底商等服务设施，人群购物等消费活动无法被满足，尤其是百万庄大街边界空间，但由于百万庄小区和百万庄北里小区之间的支路十分狭窄，所以不建议增加底商。同时，百万庄北街较为狭窄，所以建设现存部分底商进行整治改造，以保障通行顺畅。

（3）住区临街边界空间的环境质量较低，缺少绿化和服务休憩的街道设施，

使街道活力降低，尤其是百万庄大街边界空间。百万庄大街边界空间虽然采用
通透围墙进行半围合，但没有很好地利用此公共空间，大都在围墙内堆砌杂物，
同时围墙外空间多为自行车停车或被机动车占用。

3.4.2　中国人民解放军歌舞团大院

3.4.2.1　住区概况

中国人民解放军歌舞团大院（图3-12、图3-13）作为部队大院，位于北
京西三环北路16号，与中国剧院相邻，对面是中国青年政治学院。大院分为
两个部分，分别是工作区和居住区，两区有围墙相隔，有各自的出入口，虽相
邻但不连通。作为部队大院的代表，歌舞团大院保留了封闭的特点，管理较为
严格，两个出入口都有保安把守，对往来人员进行盘查。

图 3-12　住区分区及出
入口位置
图片来源：作者根据百度地
图改绘（2016.11）。

图 3-13　中国人民解放军歌舞团大院
图片来源：作者自摄（2016.11）。

3.4.2.2　住区临街边界空间现状

根据笔者的实地调研，对住区的临街边界空间现状（表3-8）进行整理分析。
笔者的研究对象为住区临街边界空间，歌舞团大院所临街道中，法华寺路段与
住区互动较少且无开口，所以不作为主要研究对象，而将西三环北路辅路作为
主要研究对象，具体对住区的临街边界空间现状进行整理分析。

走向开放住区——北京城市住区临街边界空间现状问题及优化策略研究

中国人民解放军歌舞团大院临街边界空间现状　　　　表3-8

位置	现状形式	现状描述
工作区临街边界（西三环北路辅路）		西三环北路辅路为歌舞团大院主要相邻街道，大院的全部工作区和部分生活区都被其包围。工作区入口门禁严格，不仅有电子伸缩门限制车辆通行，行人在通过时也需要接受保安的盘查，有许可方能进入。工作区的临街边界空间形式主要是围墙围合并有绿化带进行隔离，由于临主干道，退线距离较大，形成了较为开阔的人行空间，保证通行方便的同时营造了一种威严的氛围
住区临街边界 西三环北路辅路		西三环北路辅路上的住区入口处设置电子道闸，限制车辆通行，同时，和工作区相似，均有保安把守，对来往通行人员进行盘查。可见，作为部队大院，其封闭性还是很强的。其住区临街边界空间为住宅楼直接临街和较为开阔的停车空间。不同于别的住区的是，其住宅楼底层临街边界空间多为办公性质的空间而非商业娱乐。同时，由于其临街边界空间内有过街天桥及停车空间的设置，导致道路狭窄，人群通行较不方便，亟待解决。住区临街边界的转角空间采用通透的围栏形式，围栏内部为绿化空间，在封闭住区的同时可打造良好的围墙内活动空间，通透的形式也保证了围墙外行人的安全并且可与区内人群交流互动而不至于感到乏味
法华寺路		法华寺路十分狭窄，同时沿街商业建筑较多，所以更显拥挤。目前法华寺路段临街空间为一排一层小单间，设置三级台阶，同时人行道边缘还设置栏杆，这样的空间组合使得人行空间十分狭窄，若小房间对外出租，人行将更加不通畅，互相干扰

资料来源：作者自摄（2016.11）。

3.4.2.3 人群满意度评价

本次调研共发放问卷 20 份，收回问卷 20 份，有效问卷 18 份，有效率为 90%，对调研数据进行整理和统计如下：

（1）调研人群基本情况分布

笔者根据联合国世界卫生组织提出的年龄分段，对本次被调研者的年龄（图 3-14）进行分段统计，分为老年人即 60 岁以上（包括 60 岁）、中年人即 45 ~ 60 岁（包括 45 岁但不包括 60 岁）、青年人即 18 ~ 45 岁（包括 18 岁但不包括 45 岁）和未成年人即 18 岁以下（不包括 18 岁）四个阶段。在有效问卷中，18 岁以下的被调研者 2 人，占 11.11%；18 ~ 45 岁的被调研者 4 人，占 22.22%；45 ~ 60 岁的被调研者 8 人，占 44.44%；60 岁以上的 4 人，占 22.22%。同时，对性别（图 3-15）进行分类调研，其中男性被调研者 11 人，占总人数的 61.11%，女性被调研者 7 人，占总人数的 38.89%。经过数据统计发现，被调研者中，中年人数最多，老年人次之，而青年和未成年人数最少，说明住区临街边界空间虽然被认为是人们日常上下班或上下学的必经之地，但其实更是中年人和老年人日常活动的重要场所。在居住地（图 3-16）情况的调研中，被调研者中偶尔路过行人 9 人，占 50%；周边住区居民 2 人，占 11.11%；该住区居民 7 人，占 38.89%。可见，住区临街边界空间主要为行人

‖18 岁以下　⟍18-45 岁
▨45-60 岁　⋰60 岁以上

▨男　·女

⟍该住区　▨周边住区　⋰路过

图 3-14　被调研者年龄分布
图片来源：作者根据调研数据
自绘。

图 3-15　被调研者性别分布
图片来源：作者根据调研数据
自绘。

图 3-16　被调研者居住地分布
图片来源：作者根据调研数据
自绘。

通行空间和住区内部居民的活动场所，对周边住区居民吸引力较低。

（2）经过住区临街边界空间的频繁程度和时间分布

对被调研者年龄与经过住区边界频繁程度（图3-17）的数据进行统计，可以看出，大部分居民经常进出住区临街边界空间并且以中年人居多，其次为老年人，未成年人和青年人较少。笔者根据一天24小时制对时间段进行划分，分为6:00 ～ 9:00 为早晨、9:00 ～ 12:00 为上午、12:00 ～ 15:00 为中午、15:00 ～ 18:00 为下午、18:00 ～ 0:00 为夜晚、0:00 ～ 6:00 为凌晨六个阶段。对被调研者年龄与经过住区边界时间段（图3-18）的数据进行统计,可以看出，未成年人和老年人经过住区边界空间的时间比较分散，青年人和中年人则密集分布于早晚两个时间段。

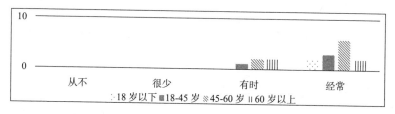

图3-17　经过边界空间的频繁程度分布
图片来源: 作者根据调研数据自绘。

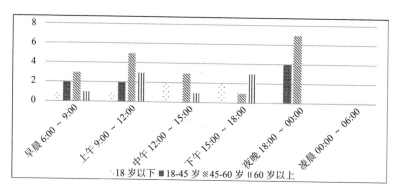

图3-18　经过边界空间的时间段分布
图片来源: 作者根据调研数据自绘。

（3）日常活动内容的分布

笔者将人群在临街边界空间的日常活动（图3-19）分为以下几种：购物或其他消费、散步、与人交谈、锻炼身体或游戏、休憩、贩卖、通行和其他。经过数据统计发现，通行是被调研者最日常的活动，而购物、玩耍、散步、交谈和休憩等积极与住区临街边界空间产生互动的行为几乎没有。通行比例较高说明该空间目前的主要功能为通行功能，结合部队大院的封闭属性，这部分空间基本只能用于通行，购物、玩耍、散步、交谈和休憩等所占比例极低，说明该住区临街边界空间缺少底商、休憩、休闲等服务设施，更从侧面说明了该临街空间活力极低。

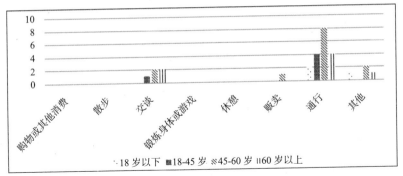

图3-19 边界空间的日常活动内容分布
图片来源：作者根据调研数据自绘。

（4）住区临街边界空间的吸引力分布

被调研者在临街边界空间的活动频繁，究竟是什么因素吸引人群在边界空间进行活动呢？笔者将住区临街边界空间对人群的吸引力（图3-20）分为以下几类：临街底商设施、休憩设施、环境优美、交通方便、必经之地和其他。经过数据统计发现，该住区的临街底商、休憩设施等公共设施极少，环境质量较差，而搭乘公共交通和必经之地这两项所占比例最高，可以看出临街边界空间的通行人数较多，即公共交通设置方便，但街道缺乏活力。

走向开放住区——北京城市住区临街边界空间现状问题及优化策略研究

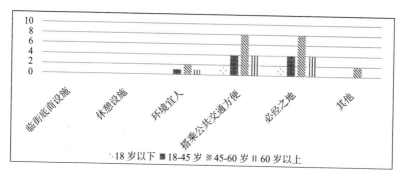

图3-20　住区临街边界空间的吸引力分布
图片来源: 作者根据调研数据自绘。

（5）住区临街边界空间满意度分布

笔者为了了解被调研者对该住区临街边界空间的满意度，对满意度进行四程度划分，并对其作出评分，评分标准如下：4=[非常满意]、3=[比较满意]、2=[一般]、1=[不满意]。其中非常满意代表已经满足所有需求且无需改造；比较满意代表满足大部分需求，可进行部分改造，以满足更多需求；一般满意代表满足部分需求，可进行大部分改造，或者是无关系，没有具体要求；不满意代表十分有必要进行改造。依据以上标准，选取该住区居民、周边住区居民、路过行人三类人群对住区周边交通状况、住区边界围墙形式、底商、入口空间、转角空间、绿化、设施几项进行评价，对统计数据进行计算，得出满意度评价，计算结果小数点后第二位四舍五入（表3-9），同时绘制雷达图以便于分析（图3-21）。

住区临街边界空间现状满意度评价　　　　　　　　表3-9

	该住区居民	周边住区居民	路过行人	平均值
交通状况	2.63	2.67	3.00	2.77
围墙形式	3.00	2.67	2.00	2.56

续表

	该住区居民	周边住区居民	路过行人	平均值
底商	1.00	1.00	1.00	1.00
入口空间	3.00	2.00	3.00	2.00
转角空间	3.00	2.00	1.00	2.00
绿化景观	1.00	2.00	1.00	1.33
街道设施	1.00	1.00	2.00	1.33

资料来源：作者根据调研数据自绘。

调研数据统计结果显示，三类人群对住区临街边界的评价都一般，对交通状况综合是较为满意的，但对底商、绿化和街道设施类非常不满意，可以看出，住区临街边界空间的环境质量较低，缺乏活力。

根据雷达图进行分析，住区的边界评价集中于不满意和一般的程

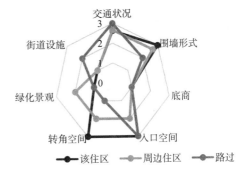

图3-21 满意度雷达图
图片来源：作者根据调研数据自绘。

度，该住区居民对围墙形式、交通、转角和入口空间较为满意，而对设施、环境和底商类则满意度较低，说明临街边界空间在居民日常生活活动方面发挥作用较少，而通行功能更优；周边住区居民对住区周边交通及围墙形式较为满意而对其他方面评价一般，说明对周边住区居民吸引力较小，也从侧面反映出边界空间可发生的日常活动较少；路过行人对各方面评价都一般，而对交通和入口空间评价较高，说明街道上可发生的活动较少，所以通行十分便捷。

（6）住区临街边界空间的未来需求

通过对调研问卷及访谈结果进行分析可知，大多数该住区的居民希望在临

街边界空间设置部分底商，以满足日常购物消费的需求，但并不希望底商侵占人行空间，更好地保证通行的顺畅。

3.4.2.4 小结

笔者通过实地调研及访谈发现，歌舞团大院临街边界空间的围墙形式较为封闭，且管理严格，通行较为顺畅，但也存在部分问题，主要有以下几个方面：

（1）西三环北路路段作为城市干道，主要承担城市通行功能，车行和人行较为通畅，但人行空间邻过街天桥部分空间狭窄，希望改善。

（2）西三环北路路段住区临街低层建筑主要为办公类，缺少底商类，可设置部分底商等服务设施，满足人群日常活动需求。

（3）法华寺路段交通拥堵严重，住区的平房临街使得人行空间十分狭窄，目前平房仍闲置，若之后加入其他功能，则会造成功能混乱，相互影响，使通行更加不畅。

3.4.3 住房和城乡建设部大院

北京作为首都，是国家的政治中心，所以政府等各类机关部门聚集于此。这些机关单位早期通常以单位大院的形式存在，但随着城市、社会的发展，这些单位的部分住房产权已经私有化，转交给在此的住户了，同时住区的居民也开始流动。

3.4.3.1 住区概况

住房和城乡建设部大院（图 3-22、图 3-23），以下简称住建部大院，位于车公庄大街以南，三里河路以北，属于机关单位。住建部大院最初是集办公与居住、服务于一体的机关单位大院，根据采访可以得知，这类机关大院在20世纪六七十年代有着十分完善的内部服务设施，但现今部分设施已经消失，大院内人员也开始流动，部分房屋出租。

图 3-22　住建部大院的位置

图片来源：作者根据百度地图改绘（2016.11）。

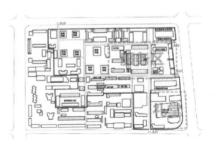

图 3-23　住建部大院的布局

图片来源：连晓刚．单位大院：近当代北京居住
空间演变 [D]．清华大学，2015.

3.4.3.2　住区临街边界空间现状

根据笔者的实地调研，对住区的临街边界空间现状进行整理分析。笔者的研究对象为住区临街边界空间，住建部大院住区临街边界多集中在车公庄西路路段，同时住建部大院住区与其他住区相邻，边界均为不通透围墙形式，所以笔者主要在车公庄西路路段进行调研，具体整理分析如表 3-10 所示。

住建部大院临街边界空间现状　　　　　　　　　　　表 3-10

位置	现状形式	现状描述
车公庄西路		住建部大院整体临街边界空间较为封闭，均设置围墙，通透、不通透形式同时存在。 办公区部分：办公楼大部分直接临街开口，设置阶梯，并且在楼前设置一定的开敞空间和停车空间，满足部分通勤和办公来往人群的需要。但部分路段由于设置了较宽的绿带，使得机动车停车空间减少，从而侵占了人行空间甚至是盲道。临街空间几乎没有街道设施。 住区部分：住区入口设置大门，并有保安把守，但没有部队大院那么严格，部分行人通过需要盘查。入口两边空间也多被机动车辆占用，使得机动车进入住区通行不畅。住区临街边界空间多为绿地结合人行空间的形式，但过宽的绿带产生了相反的效果，同时，由于缺少街道休憩设施，使得边界空间缺乏活力

资料来源：照片为作者自摄（2016.11）。

3.4.3.3　人群满意度评价

本次调研共发放问卷 20 份，收回问卷 19 份，有效问卷 15 份，有效率为 75%，对调研数据进行整理和统计如下：

（1）调查人群基本情况分布

笔者根据联合国世界卫生组织提出的年龄分段，对本次被调研者的年龄（图 3-24）进行分段统计，分为老年人即 60 岁以上（包括 60 岁）、中年人即 45 ~ 60 岁（包括 45 岁但不包括 60 岁）、青年人即 18 ~ 45 岁（包括 18 岁但不包括 45 岁）和未成年人即 18 岁以下（不包括 18 岁）四个阶段。在有效问卷中，18 岁以下的被调研者 2 人，占 13.33%；18 ~ 45 岁的被调研者 6 人，占 40%；45 ~ 60 岁的被调研者 3 人，占 20%；60 岁以上的被调研者 4 人，占 26.67%。同时，对性别（图 3-25）进行分类调研，其中男性被调研者 6 人，占总人数的 40%；女性被调研者 9 人，占总人数的 60%。经过数据统计发现，被调研者中，青年人所占比例最高，老年人次之，而中年和未成年人人数最少，说明住区临街边界空间虽然被认为是人们日常上下班或上下学的必经之地，但也是老年人日常活动的重要场所。在居住地（图 3-26）情况的调研中，被调研者中偶尔路过行人 2 人，占 13.33%；周边住区居民 3 人，占 20%；该住区居民 10 人，

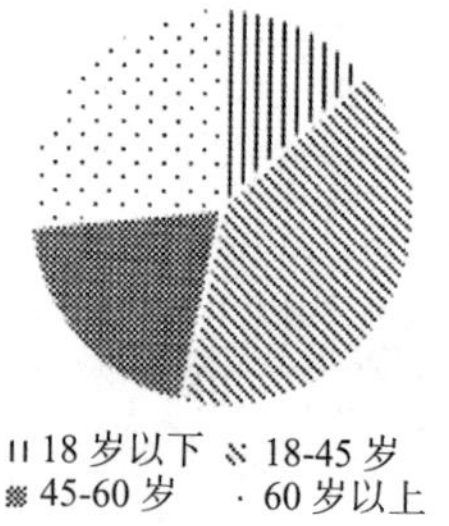

图 3-24　被调研者年龄分布
图片来源：作者根据调研数据自绘。

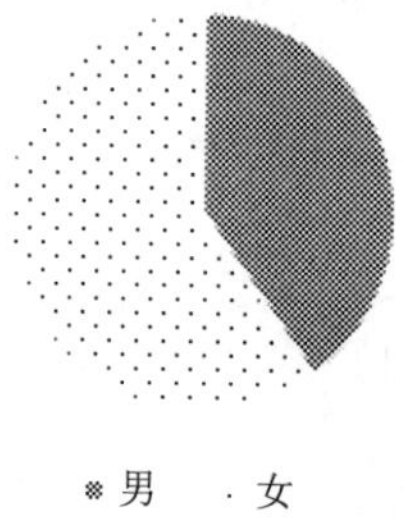

图 3-25　被调研者性别分布
图片来源：作者根据调研数据自绘。

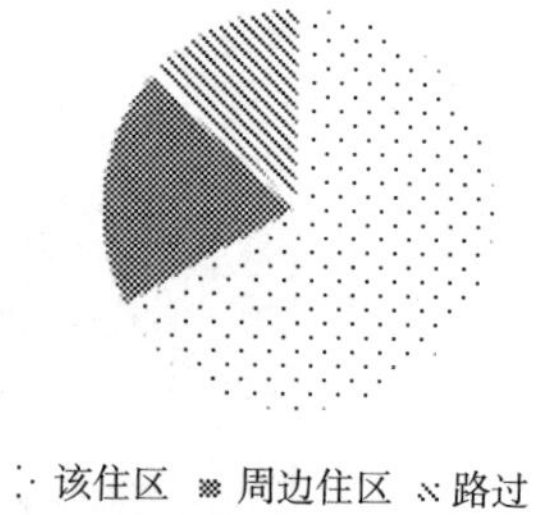

图 3-26　被调研者居住地分布
图片来源：作者根据调研数据自绘。

占 66.67%。可见，住区临街边界空间主要为住区内部居民的活动场所，同时吸引少量非本住区的居民来活动以及部分行人路过。

（2）经过住区临街边界空间的频繁程度和时间的分布

对被调研者年龄与经过住区边界频繁程度（图 3-27）的数据进行统计，可以看出，大多数人经常进出住区临街边界空间，以青年人为首，其他各年龄段进出住区临街边界空间的次数也较多。笔者根据一天 24 小时制对时间段进行划分，分为 6:00 ～ 9:00 为早晨、9:00 ～ 12:00 为上午、12:00 ～ 15:00 为中午、15:00 ～ 18:00 为下午、18:00 ～ 0:00 为夜晚、0:00 ～ 6:00 为凌晨六个阶段。对被调研者年龄与经过住区边界时间段（图 3-28）的数据进行统计，可以看出，未成年人和老年人经过住区边界空间的时间比较分散，青年人和中年人则密集分布于早晨和下午两个时间段。

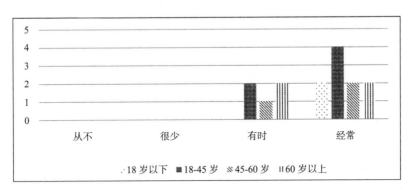

图 3-27　经过边界空间的频繁程度分布
图片来源：作者根据调研数据自绘。

（3）日常活动内容的分布

笔者将人群在临街边界空间的日常活动（图 3-29）分为以下几种：购物或其他消费、散步、与人交谈、锻炼身体或游戏、休憩、贩卖、通行和其他。经过数据统计发现，通行是被调研者最日常的活动，同时也存在散步、交谈等与

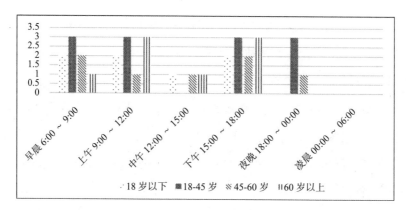

图 3-28　经过边界空间的时间段分布
图片来源: 作者根据调研数据自绘。

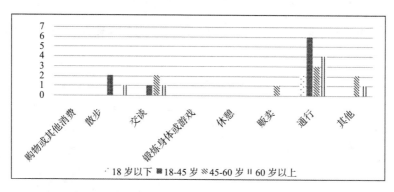

图 3-29　边界空间的日常活动内容分布
图片来源: 作者根据调研数据自绘。

住区临街边界空间产生互动的行为,说明该空间的主要功能为通行功能,同时结合机关大院自身的属性及其办公性质,这部分空间也存在着交谈和散步功能,而购物等消费、锻炼、游戏与休憩功能所占比例极低,说明该住区临街边界缺少底商、休憩等服务设施。

（4）住区临街边界空间的吸引力分布

被调研者在临街边界空间的活动频繁,究竟是什么因素吸引人群在边界空间进行活动呢? 笔者将住区临街边界空间对人群的吸引力（图 3-30）分为以下几类: 临街底商设施、休憩设施、环境优美、交通方便、必经之地和其他。经过数据统计发现, 该住区的临街底商设施及休憩设施基本无吸引力, 这样也可以看出, 该住区的临街底商等公共设施及休憩设施极少。而搭乘公共交通和必经之地这两项所占比例最高, 可以看出临街边界空间的通行人数较多, 即公共交通设置方便, 但街道缺乏活力。

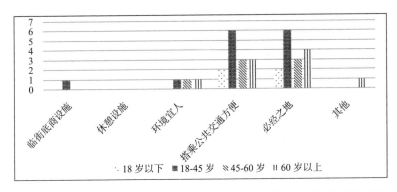

图 3-30　住区临街边界空间的吸引力分布
图片来源: 作者根据调研数据自绘。

（5）住区临街边界空间满意度分布

笔者为了解被调研者对该住区临街边界空间的满意度, 对满意度进行四程度划分, 并对其作出评分, 评分标准如下: 4=[非常满意]、3=[比较满意]、2=[一般]、1=[不满意]。其中非常满意代表已经满足所有需求且无需改造; 比较满意代表满足大部分需求, 可进行部分改造, 以满足更多需求; 一般满意代表满足部分需求, 可进行大部分改造, 或者是无关系, 没有具体要求; 不满意代表十分有必要进行改造。依据以上标准, 选取该住区居民、周边住区居民、路过行人三类人群对住区周边交通状况、住区边界围墙形式、底商、入口空间、转角空间、绿化、设施几项进行评价, 对统计数据进行计算, 得出满意度评价, 计算结果小数点后第二位四舍五入（表 3-11）, 同时绘制雷达图以便于分析（图 3-31）。

走向开放住区——北京城市住区临街边界空间现状问题及优化策略研究

住区临街边界空间现状满意度评价 表 3-11

	该住区居民	周边住区居民	路过行人	平均值
交通状况	3.00	2.00	2.00	2.33
围墙形式	3.00	2.67	2.00	2.56
底商	1.00	1.00	1.00	1.00
入口空间	3.00	2.00	3.00	2.00
转角空间	1.00	2.00	1.00	1.33
绿化景观	1.00	2.00	1.00	1.33
街道设施	1.00	1.00	2.00	1.33

资料来源：作者根据调研数据自绘。

调研数据统计结果显示，三类人群对住区临街边界空间的评价都一般，对交通状况和围墙形式综合是较为满意的，但对底商、绿化和街道设施较为不满意，说明该住区临街边界空间的环境质量较低，缺乏活力。

根据雷达图进行分析，该住区居民对住区的围墙形式、交通状况较为满意，而对设施、绿化景观和底商类则满意度较低，说明临街边界空间在居

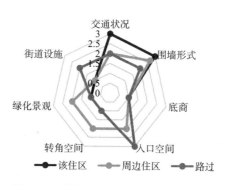

图 3-31 满意度雷达图
图片来源：作者根据调研数据自绘。

民日常生活活动方面发挥作用较少，而通行功能更优；周边住区居民对住区周边交通及围墙形式较为满意，而对其他方面评价一般，说明对周边住区居民吸引力较小，也从侧面反映出边界空间可发生的日常活动较少；路过行人对各方面评价都一般，而对入口空间评价较高，说明街道上可发生的活动较少，所以通行十分便捷。

（6）住区临街边界空间的未来需求

通过对调研问卷及访谈结果进行分析可知，由于住建部大院边界多为办公空间，所以对停车空间需求较大，希望合理设置停车空间，减少机动车对人行空间的侵占。同时，过宽的绿化空间内可以适当地安排一些休憩设施，这也是居民所希望的。

3.4.3.4　小结

笔者通过实地调研及访谈发现，住建部大院作为代表性的机关大院，其临街边界空间较为开阔，可满足人群的通行需求，但是也存在一些问题，如下：

（1）由于后退红线距离较大，产生了一种严肃的感觉，这也是机关大院的特点，但希望在严肃的同时增加亲和力。

（2）由于大院内包括办公、居住和部分服务功能，并不是单纯的居住区，而且边界空间多为办公空间，所以对停车和通行空间要求较高。

（3）居民不希望边界空间只为通行使用，也希望适度增加一些休憩设施或底商设施以满足人群的需要。

（4）临街边界空间的绿地设置虽然较丰富，但是过于冷清，应该有效利用绿地进行景观小品的设置，不仅可以美化环境，也可以为通过的行人增添情趣。

3.4.4　清华大学西北社区和荷清苑住区

对清华大学住区的调研包括清华大学西北社区和荷清苑两个住区，两住区相邻，住区及住区边界形式类似，所以调研数据的整理合并在一起进行。

3.4.4.1　住区概况

清华大学西北社区和荷清苑住区（图 3-32、图 3-33）位于海淀区圆明园东路，西北社区在清华大学范围内，但荷清苑不在清华大学范围内，位于清华园北部，建成于 2002 年 8 月，是清华大学目前最年轻的社区。两住区虽然地理

图 3-32　清华大学的位置
图片来源: 作者根据百度地图改绘
（2016.11）。

图 3-33　西北社区和荷清苑的位置
图片来源: 作者根据百度地图改绘（2016.11）。

位置相邻，但各自封闭，边界为不通透围墙结合停车空间。两住区规划布局均为鱼骨式，中部为主要车行道，连通住区出入口。住宅楼大部分为南北朝向，住区内活动空间丰富，并配备有地下停车场、超市、美容美发等便民服务网点。

3.4.4.2　住区临街边界空间现状

根据笔者的实地调研，清华大学西北社区和荷清苑住区位置相邻，并且均为封闭住区，同时其临街边界形式类似，所以不分开探讨，具体整理分析如表 3-12 所示。

3.4.4.3　人群满意度评价

本次调研共发放问卷 40 份，收回问卷 36 份，有效问卷 33 份，有效率为 82.5%，对调研数据进行整理和统计如下:

（1）调查人群基本情况分布

笔者根据联合国世界卫生组织提出的年龄分段，对本次被调研者的年龄（图 3-34）进行分段统计，分为老年人即 60 岁以上（包括 60 岁）、中年人即 45 ~ 60 岁（包括 45 岁但不包括 60 岁）、青年人即 18 ~ 45 岁（包括 18 岁但不包括 45 岁）和未成年人即 18 岁以下（不包括 18 岁）四个阶段。在有效问卷中，18 岁以下的被调研者 5 人，占 15.15%；18 ~ 45 岁的被调研者 18 人，占 54.55%；45 ~ 60 岁

中国人民解放军歌舞团大院临街边界空间现状　　　　表 3-12

位置	现状形式	现状描述
荷清路		两住区临荷清路边界空间均为半通透的围墙形式，围墙内为绿化空间，围墙外为人行空间，基本无街道休憩设施，笔者进行调研时未发现人群在街道活动，行人也较少，严重缺乏活力，并且夜间通行有安全隐患。荷清苑住区的出入口采用封闭的大门形式，对机动车有限制，行人需要刷卡进入。西北社区出入口设置电子道闸，并且有保安把守，对来往车辆及部分行人进行限制。转角空间为大尺度绿地空间，并且设置了大型广告牌，阻挡了视线，同时大尺度的绿地空间景观效果差。整体街道人迹罕至，较为空旷，缺乏街道设施，同时景观效果差，行人通行存在安全隐患
中关村北大街		中关村北大街为西北社区主要临街边界，其边界形式主要为底商和人行空间组合。但通过笔者的调研得知，部分临街底商已经不营业，目前均为闲置状态，楼前空间多被机动车占用。临街边界空间基本无任何休憩设施
临河边界空间		荷清苑临河边界为通透围栏结合停车空间形式，而住区与河道中间的公共空间均为荷清苑的停车空间。本该连接城市道路的临河道路被上锁的大铁门所封闭，设置的保安亭内空无一人且年久失修，由于临河道路已被封锁时间较久，并且过河的桥也被阻断，使得该临河空间全部变为住区的停车空间，不仅外部车辆无法进入，连行人也无法穿行通过

资料来源: 作者自摄（2016.11）。

的被调研者 7 人，占 21.21%；60 岁以上的被调研者 3 人，占 9.09%。同时对性别（图 3-35）进行分类调研，其中男性被调研者 18 人，占总人数的 54.55%；女性被调研者 15 人，占总人数的 45.45%。经过数据统计发现，被调研者中，青年人和中年人人数最多，未成年人次之，老年人最少。而在居住地（图 3-36）情况的调研中，被调研者中偶尔路过行人 2 人，占 6.06 %；周边住区居民 3 人，占 9.09%；该住区居民 28 人，占 84.85%。可见，住区临街边界空间主要为住区内部居民的常见活动场所，对周边住区居民的吸引力较低，同时路过行人也较少。

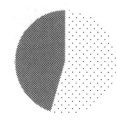

⋰ 18 岁以下　▓ 18-45 岁
⧄ 45-60 岁　∥ 60 岁以上

· 男　▓ 女

⋰ 该住区　▓ 周边住区　⧄ 路过

图 3-34　被调研者年龄分布
图片来源：作者根据调研数据自绘。

图 3-35　被调研者性别分布
图片来源：作者根据调研数据自绘。

图 3-36　被调研者居住地分布
图片来源：作者根据调研数据自绘。

（2）经过住区临街边界空间的频繁程度和时间的分布

对被调研者年龄与经过住区边界频繁程度（图 3-37）的数据进行统计，可以看出大部分居民经常进出住区临街边界空间并且以青年人和中年人居多，老年人次之，这是因为清华大学住区主要为在校教授、职工、学生等住宿。笔者根据一天 24 小时制对时间段进行划分，分为 6:00 ~ 9:00 为早晨、9:00 ~ 12:00 为上午、12:00 ~ 15:00 为中午、15:00 ~ 18:00 为下午、18:00 ~ 0:00 为夜晚、0:00 ~ 6:00 为凌晨六个阶段。对被调研者年龄与经过住区边界时间段（图 3-38）的数据进行统计，可以看出，未成年人和老年人经过住区边界空间的时间比较分散，青年人和中年人则密集分布于早晨、下午两个时间段。

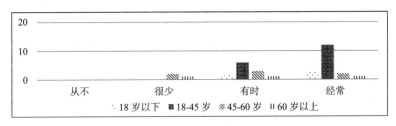

图 3-37 经过边界空间的频繁程度分布
图片来源: 作者根据调研数据自绘。

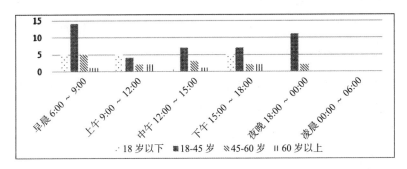

图 3-38 经过边界空间的时间段分布
图片来源: 作者根据调研数据自绘。

（3）日常活动内容的分布

笔者将人群在临街边界空间的日常活动（图 3-39）进行划分, 分别是: 购物或其他消费、散步、与人交谈、锻炼身体或游戏、休憩、贩卖、通行和其他。

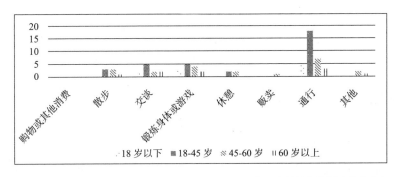

图 3-39 边界空间的日常活动内容分布
图片来源: 作者根据调研数据自绘。

根据数据统计发现，通行是被调研人群最经常的活动，而玩耍、散步、交谈和休憩等积极地与住区临街边界空间产生互动的行为也存在，说明该空间的通行功能为主要功能，休憩娱乐功能也存在，但购物等消费行为所占比例极低，说明该住区临街边界缺少底商等服务设施。

（4）住区临街边界空间的吸引力分布

被调研者在临街边界空间活动频繁，究竟是什么因素吸引人群在边界空间进行活动呢？笔者将住区临街边界空间对人群的吸引力（图3-40）进行划分，分别是临街底商设施、休憩设施、环境优美、交通方便、必经之地和其他。根据数据统计发现，该住区的临街底商设施及休憩设施基本无吸引力，可以看出该住区的临街底商等公共设施及休憩设施极少，而必经之地这项所占比例最高，可以看出临街边界空间的通行人数较多，搭乘公交方便这项所占比例较小是因为该地只有一趟公交车经过，所以并不是很方便。

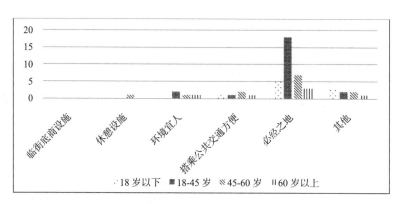

图3-40 住区临街边界空间的吸引力分布
图片来源：作者根据调研数据自绘。

（5）住区临街边界空间满意度分布

笔者为了了解被调研者对该住区临街边界空间的满意度，对满意度进行四程度划分，并对其作出评分，评分标准如下：4=[非常满意]、3=[比较满意]、2=[一般]、

1=[不满意]。其中非常满意代表已经满足所有需求，且无需改造；比较满意代表满足大部分需求，可进行部分改造，以满足更多需求；一般满意代表满足部分需求，可进行大部分改造，或者是无关系，没有具体要求；不满意代表十分有必要进行改造。依据以上标准，选取该住区居民、周边住区居民、路过行人三类人群对住区周边交通状况、住区边界围墙形式、底商、入口空间、转角空间、绿化、设施几项进行评价，对统计数据进行计算得出满意度评价，计算结果小数点后第二位四舍五入（表 3-13），同时绘制雷达图以便于分析（图 3-41）。

住区临街边界空间现状满意度评价　　　　　　　　表 3-13

	该住区居民	周边住区居民	路过行人	平均值
交通状况	2.75	2.00	1.00	1.92
围墙形式	3.00	2.007	1.00	2.00
底商	1.00	1.00	1.00	1.00
入口空间	3.00	2.00	2.00	2.33
转角空间	1.00	2.00	1.00	1.33
绿化景观	3.00	2.00	2.00	2.33
街道设施	1.00	1.00	2.00	1.33

资料来源: 作者根据调研数据自绘。

调研数据统计结果显示，三类人群对住区临街边界空间的评价都一般，对底商、街道设施以及绿化情况最不满意，可以看出住区临街边界的环境质量较低，缺乏活力。

根据雷达图进行分析，该住区居民对住区的围墙形式、交通、绿

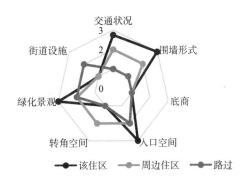

图 3-41　满意度雷达图
图片来源: 作者根据调研数据自绘。

化景观和入口空间较为满意，而对设施和底商则满意度较低，说明临街边界空间在居民日常生活活动方面发挥作用较少，而通行功能较优；周边住区居民和路过行人对边界空间评价一般，说明对其吸引力较小。

（6）住区临街边界空间未来需求

通过对调研问卷及访谈结果进行分析，可以看出，住区临街边界空间的通行功能较为完善，但生活功能十分低下。边界大部分以围栏进行围合，同时围栏内设置大片绿化空间，但由于缺少人们活动的空间，使得景象十分萧条，不能起到增添活力的作用，存在安全隐患。大多数该住区的居民希望在临街边界空间设置部分底商，满足日常购物消费的需求。同时人行空间宽阔，可考虑设置部分街道休憩设施，满足人们遛弯、交谈的需要。

3.4.4.4 小结

笔者通过实地调研及访谈发现，清华大学住区临街边界空间非常空旷，虽然通行功能较为完善，但也存在部分问题，主要有以下几个方面：

（1）住区边界大部分被围栏所包围，所以边界空间既缺少底商等公共服务设施也缺少部分街道设施，街道十分空旷，人也很稀少，十分缺乏活力，夜间通行有安全隐患。

（2）住区边界的转角空间为大面积绿地结合大型广告牌的形式，既阻挡视线也影响街道景观。

（3）临河道的边界空间为全封闭形式，占用了部分公共空间设为停车场，不仅造成行人通行不便还影响了河道景观，有待整治。

3.4.5 北京塔院小区

3.4.5.1 住区概况

北京塔院小区（图3-42、图3-43）位于花园路9号，南邻元大都遗址公园，北靠北医三院，左右分别有北大文理学院、花园路职业高中和九一小学等院校。进入 20 世纪 80 年代，随着改革开放和经济的振兴，规划设计上也开始结束只为解决住房问题的建设模式，逐渐从空间结构等方面进行新的探索，北京塔院小区正是当时建设的且直到现在都十分优秀的案例。塔院小区冲破了很多单一的枯燥的形式，在设计上强调了清晰简洁的道路空间并通过点式和条形住宅的巧妙搭配，丰富了空间的组合形式，并创造了优美的居住环境，成为 1980 年代初北京优秀的住宅小区之一。

图 3-42　北京塔院小区的位置　　　　图 3-43　北京塔院小区内部建筑形态
图片来源：作者根据百度地图改绘　　　图片来源：作者自摄（2016.11）。
（2016.11）。

3.4.5.2　住区临街边界空间现状

根据笔者的实地调研，具体对住区的临街边界空间现状进行整理分析（表 3-14 ）。

3.4.5.3　人群满意度评价

本次调研共发放问卷 30 份，收回问卷 29 份，有效问卷 28 份，有效率为 93.33%，对调研数据进行整理和统计如下：

（1）调查人群基本情况分布

笔者根据联合国世界卫生组织提出的年龄分段，将本次被调研者的年龄（图 3-44）进行分段统计，分为老年人即 60 岁以上（包括 60 岁）、中年人即

北京塔院小区临街边界空间现状　　　　　　　　表 3-14

位置	形式	现状描述
北土城西路		住区整体设置围墙，限制机动车辆通行，但不限制人行。主要出入口设置电子道闸限制车辆通行，但不限制人行。北土城西路上两相邻住区入口之间设置社区公园。该路段住区临街边界形式主要分为两种，分别是绿化结合人行空间的形式和底商结合人行空间及绿带的形式。绿化结合人行空间的形式主要出现在过街天桥附近，但由于距离过街天桥较近，人行空间狭窄，同时由于机动车停车问题，更加侵占人行空间，使得行人通行不畅，也容易造成机动车拥堵。第二种形式为住宅底商，并留出一定通行空间，再设置绿带进行隔离，外部设置行人通行空间。这种形式可将通行人群和进入底商消费人群分开，避免人群通行混乱，是值得提倡的。但大量非机动车停放却也侵占了一部分人行空间，所以机动车和非机动车停车问题仍是亟待解决的问题
塔院西街/塔院东街		塔院西街和塔院东街的住区临街边界空间现状类似，主要是以半通透或通透围墙进行围合，并结合人行空间，住区入口设置电子道闸，对机动车辆进行限制，对人行不限制。值得特别提出的是，这两部分边界空间较狭窄，同时还被机动车占用大部分空间，通行十分不畅通且有安全隐患。边界有破墙开店以及堆放杂物的现象，使得本来狭窄的空间更为局促，亟待整治

资料来源：作者自摄（2016.11）。

45 ～ 60 岁（包括 45 岁但不包括 60 岁）、青年人即 18 ～ 45 岁（包括 18 岁但不包括 45 岁）和未成年人即 18 岁以下（不包括 18 岁）四个阶段。在有效问卷中，18 岁以下的被调研者 3 人，占 10.71%；18 ～ 45 岁的被调研者 10 人，占 35.71%；45 ～ 60 岁的被调研者 5 人，占 17.86%；60 岁以上的被调研者 10 人，占 35.71%。同时，对性别（图 3-45）进行分类调研，其中男性被调研者 18 人，占总人数的 64.29%；女性被调研者 10 人，占总人数的 35.71%。经过数据统计发现，被调研者中，青年人和老年人人数最多，中年人次之，而未成年人最少。在居住地（图 3-46）情况的调研中，被调研者中偶尔路过行人 9 人，占 32.14%；周边住区居民 3 人，占 10.71%；该住区居民 16 人，占 57.14%。这说明住区临街边界空间主要为住区内部居民活动空间，同时路过行人也较多，是因为住区邻北医三院和众多高校，所以就医人口和学生也较多。

· 18 岁以下　※ 18-45 岁
※ 45-60 岁　‖ 60 岁以上

图 3-44　被调研者年龄分布
图片来源：根据调研数据自绘。

· 男　※ 女

图 3-45　被调研者性别分布
图片来源：根据调研数据自绘。

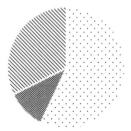
∴ 该住区　※ 周边住区　※ 路过

图 3-46　被调研者居住地分布
图片来源：根据调研数据自绘。

（2）经过住区临街边界空间的频繁程度和时间的分布

对被调研者年龄与经过住区边界频繁程度（图 3-47）的数据进行统计，可以看出，大多数人群经常进出住区临街边界空间并且各个年龄段人群均有。笔者根据一天 24 小时制对时间段进行划分，分为 6:00 ～ 9:00 为早晨、9:00 ～ 12:00 为上午、12:00 ～ 15:00 为中午、15:00 ～ 18:00 为下午、18:00 ～ 0:00 为夜晚、

0:00 ~ 6:00为凌晨六个阶段。对被调研者年龄与经过住区边界时间段(图3-48)的数据进行统计,可以看出,各年龄段经过住区边界空间的时间比较分散,但基本集中在白天。这主要是因为该住区与北医三院相邻,就医人群比较广泛。

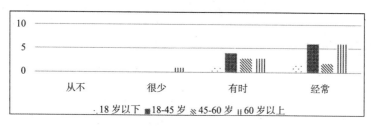

图3-47　经过边界空间的频繁程度分布
图片来源: 作者根据调研数据自绘。

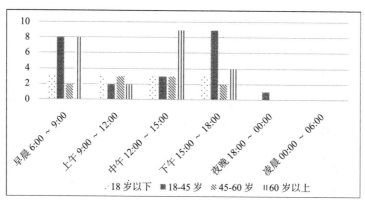

图3-48　经过边界空间的时间段分布
图片来源: 作者根据调研数据自绘。

（3）日常活动内容的分布

　　笔者将人群在临街边界空间的日常活动（图3-49）进行划分,分别是:购物或其他消费、散步、与人交谈、锻炼身体或游戏、休憩、贩卖、通行和其他。经过数据统计发现,通行是人群最日常的活动,而玩耍、散步、交谈和休息等积极地与住区临街边界空间产生互动的行为也存在,说明该空间的通进功能为主要功能,休憩娱乐功能也存在,但购物与消费所占比例极低。

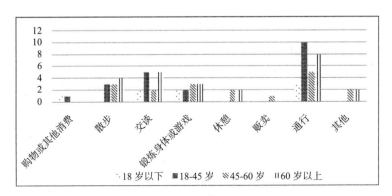

图 3-49　边界空间的日常活动内容分布
图片来源: 作者根据调研数据自绘。

（4）住区临街边界空间的吸引力分布

被调研者在临街边界空间的活动频繁, 究竟是什么因素吸引人群在边界空
间进行活动呢? 笔者将住区临街边界空间对人群的吸引力（图 3-50）进行划分,
分别是临街底商设施、休憩设施、环境优美、交通方便、必经之地和其他。经
过数据统计发现, 该住区的临街底商设施及休憩设施基本无吸引力, 而必经之
地这项所占比例最高, 可以分析得出该住区的临街底商等公共设施及休憩设施

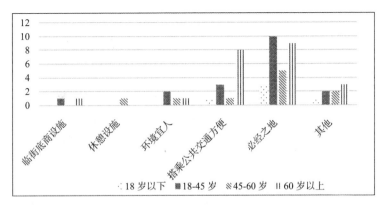

图 3-50　住区临街边界空间的吸引力分布
图片来源: 作者根据调研数据自绘。

极少,通行设施较多。

(5)住区临街边界空间满意度分布

笔者为了解被调研者对该住区临街边界空间的满意度,对满意度进行四程度划分,并对其作出评分,评分标准如下:4=[非常满意]、3=[比较满意]、2=[一般]、1=[不满意]。其中非常满意代表已经满足所有需求且无需改造;比较满意代表满足大部分需求,可进行部分改造,以满足更多需求;一般满意代表满足部分需求,可进行大部分改造,或者是无关系,没有具体要求;不满意代表十分有必要进行改造。依据以上标准,选取该住区居民、周边住区居民、路过行人三类人群对住区周边交通状况、住区边界围墙形式、底商、入口空间、转角空间、绿化、设施几项进行评价,对统计数据进行计算,得出满意度评价,计算结果小数点后第二位四舍五入(表3-15),同时绘制雷达图以便于分析(图3-51)。

住区临街边界空间现状满意度评价　　　　表3-15

	该住区居民	周边住区居民	路过行人	平均值
交通状况	1.38	1.00	1.00	1.13
围墙形式	2.00	1.00	1.00	1.33
底商	1.00	1.00	1.00	1.00
入口空间	2.00	2.00	2.00	2.00
转角空间	1.00	2.00	1.00	1.33
绿化景观	1.00	2.00	2.00	1.67
街道设施	1.00	1.00	2.00	1.33

资料来源:作者根据调研数据自绘。

调研数据统计结果显示,三类人群对住区临街边界空间的评价都一般甚至是不满意。其实塔院小区内部环境还是比较宜人的,但临街边界空间在当时的历史背景下建设基本就是围墙封闭，底商等公共设施基本没有，同时因为机动车乱停乱放现象严重，导致通行十分困难，住区临街边界的环境质量较低，缺乏活力。

根据雷达图进行分析，该住区居民对住区的围墙形式和入口空间评价一般，而对其他方面则满意度

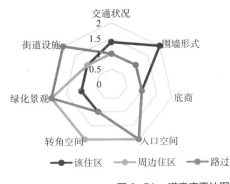

图 3-51　满意度雷达图
图片来源: 作者根据调研数据自绘。

极低，说明临街边界空间在居民日常生活活动方面发挥作用较少；周边住区居民及路过行人对各方面评价一般，而对交通、围墙形式和底商极为不满意，说明街道上可发生的活动较少，缺乏活力。

（6）住区临街边界空间未来需求

通过对调研问卷及访谈结果进行分析可知，大部分人群希望在临街边界空间设置部分底商，以满足日常购物消费的需求。同时，街道狭窄，机动车侵占了大量的人行空间，造成了通行困难及安全隐患，也亟待整治。

3.4.5.4　小结

笔者通过实地调研及访谈发现，该住区居民多为国家机关、事业单位离退休人员和在职人员、家属，其居民素质较高，年龄偏大。住区临街边界空间的主要问题有以下几方面：

（1）临街边界空间狭窄，同时被机动车侵占大量空间，导致通行困难的同时也具有安全隐患，尤其是塔院西街和塔院东街。北土城西路路段距离过街天桥较近，人行空间狭窄，同时由于机动车停车问题，更加侵占人行空间，使得行人通行不畅，也容易造成机动车拥堵。

（2）临街边界空间有破墙开店的现象，进一步侵占了人行空间，尤其是塔

院西街和塔院东街。人行空间内有杂物、垃圾堆积现象，使得边界空间更加拥挤，尤其是塔院西街和塔院东街。

（3）临街边界空间缺少休憩设施，笔者采访中，很多住区居民表示希望可以设置休憩设施。

3.4.6 北京华清嘉园

3.4.6.1 住区概况

北京华清嘉园（图 3-52、图 3-53）位于繁华的海淀区五道口商圈，周边服务设施丰富，同时距各高校较近。华清嘉园社区建于 1995 年，是现代封闭住区的典型代表，内部道路实行人车分行系统，内部环境优美，除了建有幼儿园、便利超市外，更建有大型社区会所，会所内部设有游泳馆、健身房、乒乓球室等多种娱乐休闲设施。

图 3-52 北京华清嘉园的位置
图片来源：作者根据百度地图改绘（2016.11）。

图 3-53 北京华清嘉园内部建筑形态
图片来源：作者自摄（2016.11）。

3.4.6.2 住区临街边界空间现状

根据笔者的实地调研，北京华清嘉园主要分为东区和西区。笔者主要围绕东区进行调研，对其住区临街边界空间现状进行整理分析，具体如表 3-16 所示。

北京华清嘉园临街边界空间现状　　　　　　　表 3-16

位置	现状形式	现状描述
成府路		成府路路段住区临街边界空间的形式主要为底商结合人行空间、较宽的绿化隔离带和邻机动车道的人行空间的形式。这种形式可将通行人群和进入底商消费人群分开，避免人群通行混乱，是值得提倡的。但绿带过宽反而使得人行空间变得拥挤，同时大量非机动车停放于此，容易造成通行不畅
财经东路		财经东路路段住区入口设置电子道闸，限制机动车辆，但不对行人进行限制。临街边界空间为底商结合绿带及人行空间，同时设置分行栏杆，这样做可以避免机动车辆侵占人行空间，同时栏杆将人行空间与车行道隔离，可保证通行的安全。但街道缺少休息设施，笔者调研时发现有行人坐在隔离绿带边缘休憩
住区内部		住区整体引入城市支路，机动车可穿行。支路两边分别形成围合的封闭住区。住区设置人行出入口、地下车库出入口和电子道闸，对机动车辆进行限制，同时人行出入需要刷卡。临街边界空间的形式主要为通透围栏结合人行空间和沿街停车的形式，部分地段设置幼儿园、会所等服务设施

资料来源：作者自摄（2016.11）。

3.4.6.3 人群满意度评价

本次调研共发放问卷 30 份，收回问卷 28 份，有效问卷 25 份，有效率为 83.33%，对调研数据进行整理和统计如下：

（1）调查人群基本情况分布

笔者根据联合国世界卫生组织提出的年龄分段，对本次被调研者的年龄（图 3-54）进行分段统计，分为老年人即 60 岁以上（包括 60 岁）、中年人即 45 ~ 60 岁（包括 45 岁但不包括 60 岁）、青年人即 18 ~ 45 岁（包括 18 岁但不包括 45 岁）和未成年人即 18 岁以下（不包括 18 岁）四个阶段。在有效问卷中，18 岁以下的被调研者 3 人，占 12%；18 ~ 45 岁的被调研者 15 人，占 60%；45 ~ 60 岁的被调研者 3 人，占 12%；60 岁以上的被调研者 4 人，占 16%。同时，对性别（图 3-55）进行分类调研，其中男性被调研者 15 人，占总人数的 60%；女性被调研者 10 人，占总人数的 40%。经过数据统计发现，被调研者中青年人数最多，说明住区临街边界空间是人们日常上下班的必经之地。而在居住地（图 3-56）情况的调研中，被调研者中偶尔路过行人 9 人，占 36%；周边住区居民 3 人，占 12%；该住区居民 16 人，占 64%。这说明住区临街边界空间主要为住区内部居民活动，同时路过行人也较多，可能是因为住区地处五

· 18 岁以下　※ 18-45 岁
ξ 45-60 岁　∥ 60 岁以上

· 男　※ 女

· 该住区　※ 周边住区　ξ 路过

图 3-54　被调研者年龄分布
图片来源：作者根据调研数据
自绘。

图 3-55　被调研者性别分布
图片来源：作者根据调研数据
自绘。

图 3-56　被调研者居住地分布
图片来源：作者根据调研数据
自绘。

道口商圈，所以休闲娱乐的人数众多。

（2）经过住区临街边界空间的频繁程度和时间的分布

对被调研者年龄与经过住区边界频繁程度（图 3-57）的数据进行统计，可以看出，大多数人经常进出住区临街边界空间并且各个年龄段均有，其中青年人最多。笔者根据一天 24 小时制对时间段进行划分，分为 6:00 ~ 9:00 为早晨、9:00 ~ 12:00 为上午、12:00 ~ 15:00 为中午、15:00 ~ 18:00 为下午、18:00 ~ 0:00 为夜晚、0:00 ~ 6:00 为凌晨六个阶段。对被调研者年龄与经过住区边界时间段（图 3-58）的数据进行统计，可以看出，各年龄段人群经过住区边界空间的时间比较分散，基本集中在白天，但也有极少部分在凌晨时间

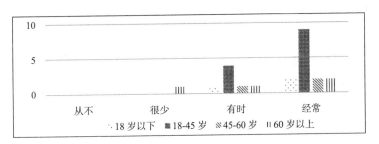

图 3-57　经过边界空间的频繁程度分布
图片来源：作者根据调研数据自绘。

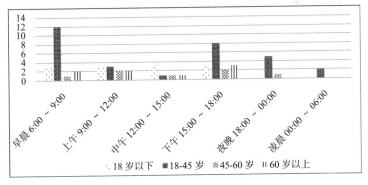

图 3-58　经过边界空间的时间段分布
图片来源：作者根据调研数据自绘。

段。这主要是因为该住区地处五道口商圈，周围购物中心、餐饮、酒吧等娱乐
设施较多，所以人群活动时间比较分散。

（3）日常活动内容的分布

笔者对人群在临街边界空间的日常活动（图3-59）进行划分，分别是：购
物或其他消费、散步、与人交谈、锻炼身体或游戏、休憩、贩卖、通行和其他。
经过数据统计发现，购物消费是人群最日常的活动，而玩耍、散步、交谈和休
息等积极地与住区临街边界空间产生互动的行为也存在，说明该空间处在商圈
范围内，底商等设施丰富，同时通行功能也较为重要。

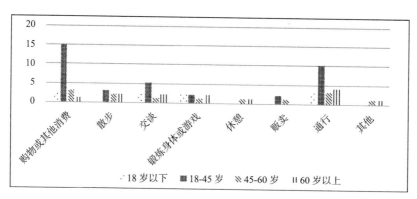

图 3-59　边界空间的日常活动内容分布
图片来源: 作者根据调研数据自绘。

（4）住区临街边界空间的吸引力分布

被调研者在临街边界空间的活动频繁，究竟是什么因素吸引人群在边界空
间进行活动呢？笔者将住区临街边界空间对人群的吸引力（图3-60）进行划分，
分别是临街底商设施、休憩设施、环境优美、交通方便、必经之地和其他。经
过数据统计发现，该住区临街休憩设施基本无吸引力，而底商设施的吸引力则
居高不下，同时交通方便、必经之路也是比较重要的吸引点。这是因为该住区
地处五道口商圈，同时紧邻地铁13号线。

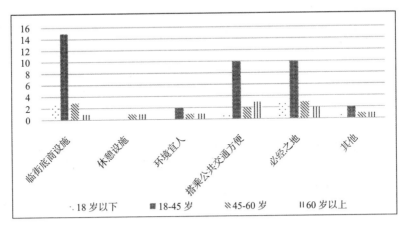

图 3-60 住区临街边界空间的吸引力分布
图片来源：作者根据调研数据自绘。

（5）住区临街边界空间满意度分布

笔者为了解被调研者对该住区临街边界空间的满意度，对满意度进行四程度划分，并对其作出评分，评分标准如下：4=[非常满意]、3=[比较满意]、2=[一般]、1=[不满意]。其中非常满意代表已经满足所有需求且无需改造；比较满意代表满足大部分需求，可进行部分改造，以满足更多需求；一般满意代表满足部分需求，可进行大部分改造，或者是无关系，没有具体要求；不满意代表十分有必要进行改造。依据以上标准，选取该住区居民、周边住区居民、路过行人三类人群对住区周边交通状况、住区边界围墙形式、底商、入口空间、转角空间、绿化、设施几项进行评价，对统计数据进行计算，得出满意度评价，计算结果小数点后第二位四舍五入（表 3-17），同时绘制雷达图以便于分析（图 3-61）。

住区临街边界空间现状满意度评价   表 3-17

	该住区居民	周边住区居民	路过行人	平均值
交通状况	3.00	1.25	1.00	1.75

续表

	该住区居民	周边住区居民	路过行人	平均值
围墙形式	1.00	4.00	2.00	2.33
底商	3.00	4.00	3.00	3.33
入口空间	2.00	2.00	2.00	2.00
转角空间	1.00	2.00	1.00	1.33
绿化景观	2.00	2.00	2.00	2.00
街道设施	1.00	1.00	2.00	1.33

资料来源：作者根据调研数据自绘。

调研数据统计结果显示，三类人群对住区临街边界空间的评价褒贬不一。就该住区居民本身来说，对其围墙形式、转角空间和设施十分不满意，而对其底商设施较为满意。对其他住区和通行的人来说，对绿化、入口空间感觉一般，对底商较满意，但对交通状况十分不满意。这主要是因为住区地处五道口商业

图 3-61　满意度雷达图
图片来源：作者根据调研数据自绘。

中心区并且紧邻地铁 13 号线，底商丰富，但这也带来了通行困难的问题。同时住区内部分住宅楼楼内也设置商业，可能会使住区居民缺乏安全感。

根据雷达图进行分析，该住区居民对交通和底商设施较为满意，而对街道设施、绿化景观等项评价较低；周边住区居民及路过行人对各方面评价一般，而对交通、转角空间极为不满意，说明交通通行困难，亟待解决。

（6）住区临街边界空间未来需求

通过对调研问卷及访谈结果进行分析可知，大部分人群希望临街边界空间

绿带的宽度减小，这样能使人行空间更为开阔，同时应当为暂时停放的机动车找到合适的位置而不是侵占人行空间。目前边界空间虽然底商丰富，可满足人们购物的需求，但是部分商业设置在住宅楼内，使得住宅楼内功能混乱，存在安全隐患，希望进行整治。

3.4.6.4 小结

笔者通过实地调研及访谈发现，该住区位于五道口商业圈内，商业、娱乐等服务设施丰富，吸引了大量人群，但同时也因为其地处商圈内而带来了许多现状问题。

（1）由于住区地处商圈内，吸引了大量人群逗留，同时又紧邻地铁13号线，也汇集了大量需要通行的人群，这就使得住区临街边界空间容易出现交通拥堵。

（2）住区临街边界空间的绿带较为宽阔，人行空间较狭窄，更使得通行不顺畅。

（3）住区底商丰富，同时很多商业开在楼内，这虽然方便了居民或行人，但也使得楼内居民缺乏安全感，管理不到位容易产生安全隐患。

3.4.7 北京晶城秀府

3.4.7.1 住区概况

晶城秀府（图3-62、图3-63）位于东南三环方庄桥南1000m，南邻规划中的地铁10号线二期工程，西距已经开通运营的地铁5号线宋家庄站仅600m，交通较便利。住区采用完全封闭形式，四周设围墙，内部基础设施较齐全，行列式住宅布置，主要停车场设在住区外围，与多个住区相邻。

3.4.7.2 住区临街边界空间现状

根据笔者的实地调研，晶城秀府住区的边界多为住区相邻边界，作为停车

走向开放住区——北京城市住区临街边界空间现状问题及优化策略研究

图 3-62　北京晶城秀府的位置
图片来源：作者根据百度地图改绘（2016.11）。

图 3-63　北京晶城秀府内部建筑形态
图片来源：作者自摄（2016.11）。

的主要空间，所以调研主要集中于方庄南路和一条住区之间的道路，具体对住区的临街边界空间现状进行整理分析，如表 3-18 所示。

北京晶城秀府临街边界空间现状　　　　　　表 3-18

位置	现状形式	现状描述
方庄南路		住区整体为封闭住区，四周围墙围合，大部分为通透围墙。住区入口设置电子道闸，同时配备保安，对机动车辆进行限制，但对人行不限制。方庄南路路段住区临街边界空间的形式为住宅底商结合人行空间及停车空间。由于后退红线距离较大，机动车在边界空间停放也不会造成交通拥堵、通行不畅等问题。但街道缺乏休憩设施，略显单调，缺乏活力
住区之间		住区正门设置电子伸缩门及保安，对机动车进行限制，人行通过需要刷卡。晶城秀府周围有较多住区，与相邻住区之间的临街边界空间形式主要为通透的围栏结合停车空间。由于晶城秀府不处于商业繁华的中心区，周围有工厂等未建设完成的用地，所以住区基本处于完全封闭的模式，也是为了保证住区安全

资料来源：作者自摄（2016.11）。

3.4.7.3　人群满意度评价

本次调研共发放问卷 30 份，收回问卷 26 份，有效问卷 25 份，有效率为83.33%，对调研数据进行整理和统计如下：

（1）调查人群基本情况分布

笔者根据联合国世界卫生组织提出的年龄分段，对本次被调研者的年龄（图 3-64）进行分段统计，分为老年人即 60 岁以上（包括 60 岁）、中年人即45 ~ 60 岁（包括 45 岁但不包括 60 岁）、青年人即 18 ~ 45 岁（包括 18 岁但不包括 45 岁）和未成年人即 18 岁以下（不包括 18 岁）四个阶段。在有效问卷中，18 岁以下的被调研者 4 人，占 16%；18 ~ 45 岁的被调研者 15 人，占60%；45 ~ 60 岁的被调研者 3 人，占 12%；60 岁以上的 3 人，占 12%。同时，对性别（图 3-65）进行分类调研，其中男性被调研者 15 人，占总人数的60%；女性被调研者 10 人，占总人数的 40%。经过数据统计发现，被调研者中，青年人最多，未成年人次之，说明住区临街边界空间是人们日常上下班的必经之地。而在居住地（图 3-66）情况的调研中，被调研者中偶尔路过行人 3 人，占 12%；周边住区居民 7 人，占 28%；该住区居民 15 人，占 60%。这说明住区临街边界空间主要为住区内部居民活动，同时路过行人及周边住区居民也存在。

·18 岁以下　※ 18-45 岁
※ 45-60 岁　‖ 60 岁以上

·男　※ 女

·该住区　※ 周边住区　※ 路过

图 3-64　被调研者年龄分布
图片来源：作者根据调研数据
自绘。

图 3-65　被调研者性别分布
图片来源：作者根据调研数据
自绘。

图 3-66　被调研者居住地分布
图片来源：作者根据调研数据
自绘。

（2）经过住区临街边界空间的频繁程度和时间的分布

对被调研者年龄与经过住区边界频繁程度（图3-67）的数据进行统计，可以看出，大多数人经常进出住区临街边界空间，并且各个年龄段人群均有，其中青年人最多。笔者根据一天24小时制对时间段进行划分，分为6:00 ~ 9:00为早晨、9:00 ~ 12:00为上午、12:00 ~ 15:00为中午、15:00 ~ 18:00为下午、18:00 ~ 0:00为夜晚、0:00 ~ 6:00为凌晨六个阶段。对被调研者年龄与经过住区边界时间段（图3-68）的数据进行统计，可以看出，各年龄段人群经过住区边界空间的时间比较分散，基本集中在白天，但也有极个别在凌晨时间段。

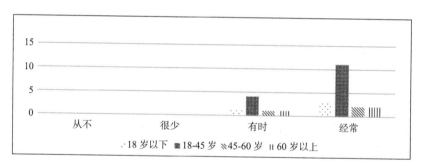

图 3-67　经过边界空间的频繁程度分布
图片来源：作者根据调研数据自绘。

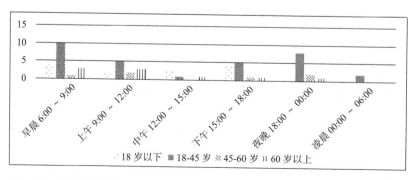

图 3-68　经过边界空间的时间段分布
图片来源：作者根据调研数据自绘。

（3）日常活动内容的分布

笔者将人群在临街边界空间的日常活动（图 3-69）分为以下几种：购物或其他消费、散步、与人交谈、锻炼身体或游戏、休憩、贩卖、通行和其他。经过数据统计发现，通行是人群最日常的活动，而玩耍、散步、交谈和休息等积极地与住区临街边界空间产生互动的行为也存在。

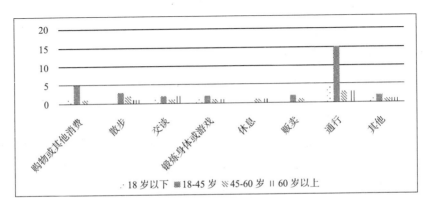

图 3-69　边界空间的日常活动内容分布
图片来源：作者根据调研数据自绘。

（4）住区临街边界空间吸引力分布

被调研者在临街边界空间的活动频繁，究竟是什么因素吸引人群在边界空间进行活动呢？笔者将住区临街边界空间对人群的吸引力（图 3-70）分为以下几类：临街底商设施、休憩设施、环境优美、交通方便、必经之地和其他。经过数据统计发现，该住区临街休憩设施、底商设施等吸引力较弱，而交通方便和必经之地则居高不下。这说明该住区临街边界空间环境质量一般，缺乏街道活力。

（5）住区临街边界空间满意度分布

笔者为了解被调研者对该住区临街边界空间的满意度，对满意度进行四程度划分，并对其作出评分，评分标准如下：4=[非常满意]、3=[比较满意]、2=[一般]、

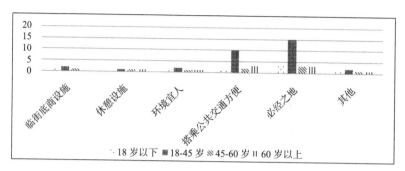

图 3-70 住区临街边界空间的吸引力分布
图片来源: 作者根据调研数据自绘。

1=[不满意]。其中非常满意代表已经满足所有需求且无需改造；比较满意代表
满足大部分需求，可进行部分改造，以满足更多需求；一般满意代表满足部分需
求，可进行大部分改造，或者是无关系，没有具体要求；不满意代表十分有必要
进行改造。依据以上标准，选取该住区居民、周边住区居民、路过行人三类人
群对住区周边交通状况、住区边界围墙形式、底商、入口空间、转角空间、绿化、
设施几项进行评价，对统计数据进行计算，得出满意度评价，计算结果小数点
后第二位四舍五入（表 3-19），同时绘制雷达图以便于分析（图 3-71）。

住区临街边界空间现状满意度评价　　　　　　　　　表 3-19

	该住区居民	周边住区居民	路过行人	平均值
交通状况	3.00	2.25	2.00	2.42
围墙形式	3.00	2.00	2.00	2.33
底商	2.00	2.00	2.00	2.00
入口空间	3.00	2.00	2.00	2.33
转角空间	1.00	2.00	1.00	1.33
绿化景观	1.00	2.00	2.00	1.67
街道设施	1.00	1.00	2.00	1.33

资料来源: 作者根据调研数据自绘。

调研数据统计结果显示，三类
人群对住区临街边界空间的评价都
较低。就该住区居民本身来说，对
其绿化、转角空间和设施不满意，
而对其他评价较为一般，而其他住
区和通行的人，对各项感觉都一般，
说明无吸引力，也无排斥感，街道
缺乏活力。

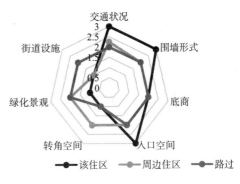

图3-71　满意度雷达图
图片来源：作者根据调研数据自绘。

根据雷达图进行分析，该住区居民对交通、围墙以及入口空间较为满意，
而对街道设施、绿化景观等项评价极低；周边住区居民及路过行人对各方面评
价一般，而对街道设施和转角空间极为不满意，说明街道缺乏活力，无法满足
人们日常生活的需求。

（6）对住区临街边界空间的未来需求

通过对调研问卷及访谈结果进行分析可知，大部分人群希望在临街边界空
间设置部分底商，同时也设置多项街道设施以提升街道活力，最重要的是，希
望增加绿化部分，提升街道景观。

3.4.7.4　小结

笔者通过实地调研及访谈发现，由于该住区处在比较边缘的地带，需要住
区较为封闭以保证住区的安全和私密。同时，住区之间设置了停车空间，虽然
满足了机动车停车的需求，但缺乏街道设施和景观，使得整条街道失去了活力，
也产生了安全隐患。同时在临城市主要道路的边界空间也出现了部分停车侵占
人行空间的现象，使街道无活力。

3.5 本章小结

本章是对北京不同类型城市住区的代表案例进行实地调研分析的整理与总结,将调研各住区临街边界空间的现状问题进行总结归纳,具体内容如表3-20所示。

住区临街边界空间现状问题   表 3-20

住区	现状问题
北京百万庄小区	机动车侵占空间现象严重;环境质量较低;缺少绿化和休憩的街道设施;围墙内空间利用率低
中国人民解放军歌舞团大院	封闭性极强、管理较严格;通行功能较强,缺少部分服务及休憩的街道设施;绿化单一;气氛威严
住房和城乡建设部大院	较封闭,办公功能对停车空间需求较大;机动车辆对人行空间的侵占;绿化单一;缺少街道设施
清华大学西北社区和荷清苑住区	严格封闭,围墙空间利用率低;缺少服务及休憩等街道设施;绿化单一,环境差;街道严重缺乏活力,有安全隐患
北京塔院小区	街道狭窄,机动车侵占大量空间;破墙开店占用边界空间;缺少休憩等街道设施;未妥善安排停车空间;环境质量差
北京华清嘉园	吸引人群但通行空间较狭窄;宽阔绿带的设置使人行空间狭窄、功能混乱、交通通行不畅
北京晶城秀府	缺乏街道设施和景观,使得整条街道失去活力,也产生了安全隐患

资料来源:作者根据调研资料自绘。

对人群满意度评价进行总结,选取该住区居民、周边住区居民、路过行人三类人群对住区周边交通状况、住区边界围墙形式、底商、入口空间、转角空间、绿化、设施几项进行评价,对统计数据取平均值得出满意度评价,计算结果小数点后第二位四舍五入,具体内容如表3-21所示。

人群满意度评价　　　　　　　　　　　表 3-21

住区	交通状况	围墙形式	临街建筑	入口空间	转角空间	绿化	设施
北京百万庄小区	1.89	2.20	1.00	1.67	1.67	1.67	1.67
中国人民解放军歌舞团大院	2.77	2.56	1.00	2.00	2.00	1.33	1.33
住房和城乡建设部大院	2.33	2.56	1.00	2.00	1.33	1.33	1.33
清华大学西北社区和荷清苑住区	1.92	2.00	1.00	2.33	1.33	2.33	1.33
北京塔院小区	1.13	1.33	1.00	2.00	1.33	1.67	1.33
北京华清嘉园	1.75	2.33	3.33	2.00	1.33	2.00	1.33
北京晶城秀府	2.42	2.33	2.00	2.33	1.33	1.67	1.33

资料来源: 作者根据调研资料自绘。

　　综合以上数据进行分析, 可以看出人群对住区临街边界空间整体并不满意, 这就说明了在住区规划的过程中对边界空间不够重视, 这部分空间的作用没有体现出来。

　　本次调研共选取了 8 个具有代表性的城市住区, 分别对住区概况、住区临街边界空间现状以及人群满意度评价进行分析, 获取了翔实的资料和一手数据, 为之后对现状问题的分析提供了基础。

第 4 章　现状问题研究

通过前章对不同类型北京城市住区临街边界空间现状的调研与分析，本章主要对其现状问题进行总结与深层次的研究。由表象深入到本质，本文将住区临街边界空间的现状问题分为三个层面，分别是空间层面、社会层面和心理层面，三个层面层层递进又互相影响。以下分别对三个层面进行详细说明。

4.1 空间层面

结合笔者现状调研的结果以及人群对边界空间各项指标的满意度评价，可以将目前北京城市住区临街边界空间的空间层面问题总结为以下几类：住区封闭、城市交通问题加剧、各功能空间互相干扰、街道缺乏活力等，接下来一一进行说明。

4.1.1 住区封闭

封闭住区是当代北京乃至全国的主流住区形式，其封闭主要体现在以下几个方面，即形态的封闭、结构的封闭以及管理的封闭，而每种形式的封闭都会带来相应的现状问题。

4.1.1.1 围墙空间利用率低

形态的封闭最直接的体现就是住区围墙的封闭，即住区被半通透或不通透的围墙所包围，并在入口处设置保安人员及电子道闸等进行管理，目的是限制机动车及部分非住区内人口的通行。例如清华大学西北社区及荷清苑（图 4-1）的围墙采用半通透式进行设置，而北京塔院小区（图 4-2）的围墙则采用半通透与不通透式相结合设置。实体的围墙并不是封闭住区进行封闭的唯一形式，具有围墙作用的还有部分临街商铺，同时也起到了封闭住区的作用。例如分布在石景山路南北两侧的远洋山水住区（图 4-3），其封闭的形式包括半通透的围墙以及底商等公共服务设施。虽然封闭的形式使住区内居民产生了一定的安全感，但却带来了许多空间层面的问题，无论是哪种形式的围墙，其周围的空间都没有被良好运用。例如塔院小区不通透的围墙使得街道毫无生趣，一道道

图 4-1　清华大学西北社区及荷清苑住区围墙形式
图片来源：作者自摄（2016.11）。

图 4-2　北京塔院小区围墙形式
图片来源：作者自摄（2016.11）。

图 4-3　远洋山水小区围墙形式
图片来源：作者自摄（2016.11）。

围墙树立，更给通行的人群带来了安全隐患，而西北社区的半通透围墙内基本为废弃的绿地，本身可以塑造良好的景观，但却无人打理，基本已经荒废，使街道及住区更显荒凉。

4.1.1.2 城市肌理破碎

如果说围墙的存在，是住区封闭的表象形态，那么结构的封闭则是住区封闭的根源表现。住区结构的封闭指的是各住区自成一体，与城市其他空间无法衔接，即使拆掉围墙，围墙内的住区结构与城市结构也无法良性衔接，从空间层面来看，也会造成城市肌理的破碎。住区内的规划并不参考城市现有的肌理，而是依据自己的需要进行规划建设，无论自身的规划做得如何出彩，在城市结构以及城市空间的层面都毫无帮助。例如在百度卫星图上观察北京市区的城市肌理（图4-4），很容易找到住区结构与城市结构不衔接的部分。

图4-4 北京市内部分肌理破碎住区形式
图片来源：百度地图（2016）。

鲁道夫·阿恩海姆曾说："不和谐的东西不是内部与外部不同，而是在它们之间没有可读关系，或者两种相同的空间陈述是以两种相互孤立的方式表现的。"[1] 边界空间是联系内部与外部空间的纽带，这也说明了住区临街边界空间的重要性，而当前却缺少对边界空间的设计，使得住区内外部空间无法有效衔接，而形成各自独立的空间，城市空间便成了一个个独立空间的集合，毫无联

---

1 （美）鲁道夫·阿恩海姆.艺术与视知觉——视觉艺术心理学[M].北京：中国社会科学出版社.

系，碎片化严重。例如北京晶城秀府小区（图4-5、图4-6），其住区规划与周围城市结构毫无联系，同时其住区临街边界空间也是简单地由围墙所包围，而没有设置连续、丰富的景观来连接住区空间与周围城市空间，使得住区空间碎片化，从地图上进行观察，部分城市空间也显得碎片化。

图4-5 晶城秀府所处城市空间
图片来源：百度地图（2016）。

图4-6 晶城秀府临街边界空间
图片来源：作者自摄（2016.11）。

4.1.1.3 不可达性

封闭住区的又一标志就是管理的封闭，管理的封闭体现为进入住区时对机动车及人群的限制以及围墙的封闭。管理的封闭一定程度上保障了住区内部的安全与私密，但对行人的通行其实也造成了一定的影响。城市中大大小小的围合空间，阻断了便捷、完整的步行系统，部分人群的出行必须绕行较远的路程。例如清华大学西北社区和荷清苑住区（图4-7），两住区相邻但却被围墙所分隔，

图4-7 清华大学住区临街边界空间
图片来源：作者自摄（2016.11）。

无法穿行，如果想穿行，可能需要绕行很远的距离，这就造成了一定的通行不便。同时，荷清苑住区临河道部分也被完全封闭，如果想通行，需要绕行十多分钟路程，这也带来了部分不可通行的问题。

4.1.2 城市交通问题加剧

2016 年初，中央提出住区开放政策，正式将打开封闭住区提上日程。封闭住区给城市造成的最大的影响就是对城市交通、环境等的不良影响，尤其是近些年来新建的超大尺度的封闭住区。一方面，城市中大大小小的独立空间使得人群的步行距离加大，经常需要远距离绕行，而为了缩短步行的距离，私家车数量急剧增长，对交通的压力增大。由于私家车数量的增多，对停车空间的需求也随之增大，在缺少停车空间的情况下，机动车便会频繁侵占人行空间，原本供人们通行和活动的空间被机动车占用，影响了居民的日常出行和日常交往活动，同时机动车所带来的噪声、尾气等污染也可能影响到一墙之隔的住区内部的住宅。另一方面，城市中超大尺度的封闭住区破坏了城市本应有的交通格网系统，使得交通网络稀疏，不仅对机动车的通行产生影响，同时对步行、自行车等非机动车交通也会产生影响，更易造成拥堵等城市问题。

4.1.3 各功能空间互相干扰

住区临街边界空间处在住区与街道之间，住区是居民居住的空间，而街道是人群及车辆通行的空间，两个空间之间的中介空间内自然会产生多个功能相互干扰的现象，主要表现在机动车侵占人行空间以及边界空间功能混乱两方面。

4.1.3.1 机动车侵占人行空间

随着城市经济、社会的发展和生产力的进步，当代居民的出行方式已由步行、自行车等非机动车为主的交通形式，转变为以私家车、公共汽车等机动车交通和轨道交通为主的交通形式。而机动车数量的大大增加，使得机动车顺畅通行及安全合理停放成为目前比较棘手的城市问题。以往的住区规划中，对机动车数量的预期跟不上机动车增长的速度，停车位的规划已经远远不能满足人们的需求，于是开始有部分居民将车辆停放在住区外围，这就导致了部分住区临街边界空间被占用，例如百万庄小区（图 4-8）的临街边界空间经常被机动车所占用。不仅是住区内部的车辆无处停放而选择占用人群通行及活动的空间，部分外界车辆也选择停放在此处，例如北京塔院小区（图 4-9），由于邻近医院，就医人群的车辆无法停进医院停车场时，也会选择停在附近的人行空间内，不仅会造成行人通行不便，带来安全隐患，同时还容易引起道路拥堵。原本供人群通行及活动的公共空间被机动车占用，不仅影响了人群通行的安全及方便，同时，不可否认，机动车停放所带来的噪声及空气污染也会给住区内的居民带来影响。

图 4-8　北京百万庄小区临街边界空间
图片来源: 作者自摄（2016.11）。

图 4-9　北京塔院小区临街边界空间
图片来源: 作者自摄（2016.11）。

4.1.3.2 边界空间功能混乱

随着市场经济的发展，住区临街住宅多以上层住宅、下层商业的形式存在，临街底商十分活跃，为住区的居民和行人提供便捷的服务。临街底商的存在势必会吸引人群在边界空间驻足停留，而这部分空间也是行人通行及部分居民休憩的空间，所以停留的人群、通行的人群以及休憩的人群就会在此交汇堆积，容易造成拥堵。同时，因为此空间紧邻机动车的通行空间，也会带来一定的安全隐患。此时，若是部分空间还被机动车侵占，空间将更加拥挤，不仅会造成通行不便和安全隐患，也会影响住区内居民的安宁。例如位于五道口商圈的华清嘉园住区（图 4-10），由于紧邻地铁 13 号线，导致人流量巨大，不仅包括购物等驻足停留的消费人群，还有一大部分通行人群。其住区边界以较宽的绿化隔离带将通行人群和驻足停留的人群隔离，本意是隔离不同类型的人群，但由于绿化带过于宽阔，侵占了一部分可通行的空间，同时部分非机动车的停放又侵占了大量人行空间，更造成了道路拥挤的现状。再如解放军歌舞团大院（图 4-11）所在的法华寺街道，道路十分狭窄，并且相邻一座小学，上下学时间段内人群及机动车的流量十分庞大，而其住区边界的临街建筑还是被分隔成小隔间待出租的一排临街商铺，十分拥挤。笔者调研途中，正赶上小学的放学时段，步行都十分困难，如果未来隔间变成商铺，可想而知，道路定会拥挤不堪，各

图 4-10　华清嘉园临街边界空间
图片来源：作者自摄（2016.11）。

图 4-11　解放军歌舞团大院临街边界空间
图片来源：作者自摄（2016.11）。

功能空间一定会互相干扰，造成混乱。

4.1.4　街道缺乏活力

中央提出开放住区的政策之后，不仅对封闭住区提出了开放的要求，同时对住区临街边界空间与城市其他空间的融合也提出了更高的要求。然而，封闭住区仍是目前北京甚至全国住区的主流形式，住区临街边界空间没有得到应有的重视，这就使得这部分空间的作用没有得到充分发挥，而使住区相邻的街道失去了活力，主要表现为存在安全隐患以及景观效果差两种现象。

4.1.4.1　安全隐患

封闭住区的主要特征是围墙将住区空间与外部空间相隔离，使住区空间严格与街道空间相隔离，从而使街道成为单调的通行空间，使得整条街道缺乏生机。例如北京塔院小区（图 4-12），部分地段的围墙为全封闭形式，并且笔者在调研的途中也未发现监控设施或路灯设施，这就使得行人夜晚在此路段通行存在严重的安全隐患，同时机动车通行也给本就狭窄的通行空间带来了极大的影响。更有部分住区边界处设置十几米甚至几十米的围墙，形成了人行通过十分不安全的灰色空间，从而带来了严重的安全隐患。例如清华大学西北社区和荷清苑住区（图 4-13），其边界是长达几十米的围栏，并且大门也上锁，人烟稀少，虽然围栏为半通透形式，但围栏内部是接近荒废的绿地，少有人至，更显得荒凉，笔者在调研中也未见监控设施，这也就产生了极大的安全隐患。

图 4-12　北京塔院小区临街边界空间
图片来源：作者自摄（2016.11）。

图 4-13　清华大学住区临街边界空间
图片来源：作者自摄（2016.11）。

4.1.4.2　景观效果差

从宋代开始，我国传统居民的生活就是由街道展开的，但在当代，街道的生活作用反而被淡化了，高楼大厦宽马路不知道何时成为现代都市的代表。街道生活的丧失，更使得人们对于住区临街边界空间不重视。笔者在调研的过程中发现住区的边界多以单调的半通透或不通透的围墙形式存在，单调乏味，缺少装饰，更缺乏与行人的互动。即使是半封闭的围墙，也没有对其围墙空间进行良好的应用，只是堆放一些杂物或者是设置大片的绿地，没有互动性，景观效果极差。部分底商的设置更是粗糙，破墙开店现象屡有发生，底商的不规范设置对景观环境造成了一定的影响。街道缺乏公共设施或公共设施品质较差，无法形成宜人的休憩空间。入口、转角空间等常被忽略的公共空间，更是缺乏设计，景观效果差。例如北京百万庄小区（图4-14）的半封闭的围墙空间就没有得到良好的应用，缺乏景观的设置，而街道更是缺乏必要的公共设施，已有的公共设施也很破旧，有些居民则自己设置一些设施进行休息。北京塔院小区（图4-15）的围墙单调乏味，几乎是不通透的围墙简单粗暴地进行围合，同时部分空调外机的凸出设置、部分底商破墙开店以及杂物的堆放更是影响美观，在笔者采访的过程中，很多居民强烈要求设置部分景观及休憩设施，并规范临街外墙的底商设置。

图4-14 北京百万庄小区临街边界空间
图片来源：作者自摄（2016.11）。

图4-15 北京塔院小区临街边界空间
图片来源：作者自摄（2016.11）。

4.2 社会层面

从表象的空间层面出发，当前北京城市住区临街边界空间的现状问题主要有封闭、城市交通问题加剧、各功能空间互相干扰以及街道缺乏活力四大方面，而任何表象的空间问题相互影响都会带来严重的社会问题。在社会层面，通过笔者的实地调研以及访谈可知，问题主要围绕资源配置及利用方面，具体表现为资源配置的不平等、资源浪费和资源短缺等。

赵燕菁教授在其发表的《围墙的本质》中提出："围墙的本质就是降低公共服务供给成本的工具。"[1] 要理解这个概念，就要先明确我国城市住区公共服务设施的配套方式。居住区规范中明确规定住区公共服务设施的配置依据千人指标进行，而每个住区的配置也是关起门来，各自独立配置。这种配置方式为什么会产生围墙？为此，赵燕菁教授提出"围墙规则"[1]，意思就是有公共服务落差的地方，就会有围墙的产生，这也就是资源配置不均的现象。一个高档住区的公共服务配置自然更为齐全，而为了保证其公共服务设施只提供给自己的居民，一般设置在居住区内，同时以围墙将住区与其他空间相隔离，这样可以保证住区内的资源只提供给本住区的居民，而不对外开放。这样的配置方式操作方便，但却略显简单粗暴。首先，因为缺少对地域、人群生活情况等的考察，只是一视同仁地进行配置，各个住区都拥有自己独立的一套公共服务设施，显然，会造成资源浪费的现象；其次，住区内的公共设施只提供给住区居民使用也是一种资源浪费现象，若相邻几个住区每个都配置幼儿园、会所、体育活动中心等，而不共享资源，会导致这片区域拥有过多的设施，使用人群却较少，对资源来说是极大的浪费。同时，对于较为低端的住区，可能其公共服设施的配置并不完善，又无法和高档住区共享，这就产生了一种资源短缺的现象。这样的差距长时间地累积，也会造成一定的社会影响，同时对居住人群的心理产生一定的影响。另外，通过的行人也无法使用部分住区配套的公共服务设施，

1　赵燕菁.围墙的本质[J].北京规划建设，2016（02）:163-165.

这也是一种资源短缺现象。

　　例如清华大学西北社区和荷清苑住区（图 4-16）虽然相邻，但却以围墙相隔离，并没有共享内部资源，同时住区也以围墙进行全封闭的围合，使得行人也无法使用其内部的公共服务设施。荷清苑住区临河道部分侵占公共空间设置停车场，但却利用围栏与道路相隔，外部车辆无法停入，只供内部居民使用，这就是一种资源浪费的现象。

图 4-16　荷清苑停车空间
图片来源：作者自摄（2016.11）。

4.3　心理层面

　　对社会问题进行深度发掘，都会发现一定的心理层面的问题。社会资源的不平等、住区的长时间封闭、临街边界空间的枯燥、拥堵，这些现象长期积累，可能会产生隔离、孤立、缺乏信任感或是仇富的心理问题。

　　首先，从住区居民的角度进行分析，住区的边界封闭使得住区空间与城市其他空间相隔离，成为城市孤岛。在笔者调研的几个住区中，完全封闭的住区内部确实总是人烟稀少，处于较为冷清的状态，而且因为住区内部设置了部分满足人群日常生活活动的设施，导致居民的外出明显减少，而与人交流的机会也会减少，人群之间的交往较少，导致居民产生被孤立的心理，感觉与世隔绝。

　　其次，从行人的角度进行分析，途经的住区全部被围墙所包围，没有人群交流，十几米甚至几十米的街道两边均树立着高高的围墙，容易造成一定的心理压力，同时对行人的通行也有一定的安全隐患，使行人感觉被隔离、孤立，处在一种不安全感中。长此以往，邻里活动逐渐减少，同住区的居民都有可能形同陌路，使人产生被隔离与孤立的感觉，人与人之间的信任感减少，对社会来说也是一种危险的状态，缺乏社会凝聚力。

越来越多的高档住区建成，对比一般住区，其地理位置更优越，环境更优美，内部服务设施的配置也更完善，并且往往更为封闭，把守更为严格，无疑会使人们产生一种身份意识的错觉，容易对社会中下层人士产生一定的压迫感，同时，贫富差距的加大也使得社会中下层人士对高档住区有一定的向往感，日趋严重，容易产生仇富心理。

4.4 本章小结

本章通过对北京城市住区临街边界空间现状的调研与分析，从空间、社会、心理三个层面逐层递进地总结、归纳出了临街边界空间的现状问题。

从空间层面来说，主要包括住区封闭、城市交通问题加剧、各功能空间互相干扰、街道缺乏活力四大问题：

（1）住区封闭表现在形式的封闭、结构的封闭和管理的封闭三个方面：形式封闭造成围墙空间利用率低下，不仅浪费空间，同时景观效果较差；结构封闭造成各住区规划结构自成一体，无法与城市结构相衔接，城市肌理破碎；而管理封闭则产生了许多不可达性的问题。

（2）城市交通问题加剧表现为城市被大大小小的封闭空间所分隔，人行距离加大，所以更多的人选择以机动车代步，致使城市中私家车的数量大大增加，加大了交通的压力，也对停车空间的建设提出了更高的要求。同时，超大尺度的封闭空间阻断了原有的城市道路网，使得道路网稀疏，不仅会影响非机动车的出行，而且更易造成交通拥堵等状况，加剧城市交通问题。

（3）各功能空间互相干扰表现在机动车侵占人行空间以及边界空间功能混乱两个方面。机动车侵占人行空间多表现为机动车的停放经常侵占人的通行空间及活动空间，容易造成交通拥堵，同时对人群产生安全隐患，另外，机动车的噪声和尾气等也会对住区内的居民产生影响；而边界空间功能混乱主要表现为边界空间的底商设施带来的驻足停留的消费人群、人行空间的通行人群以及边界停留的休憩人群这三类人群的堆积、碰撞，容易造成交通拥堵，同时，人群的拥堵也会对机动车的通行产生影响，更会对人群自身产生安全隐患。

（4）街道缺乏活力主要表现在安全隐患和景观效果差两个方面。安全隐患方面主要是住区临街边界的围墙或空旷的绿地结合围栏的形式使街道及住区略显荒凉，同时，缺乏监控等设施也使得通行人群产生不安全感，带来安全隐患。景观效果差主要是因为边界空间内一道道围墙矗立，没有互动性的景观设计，同时部分围墙空间内只是堆放一些杂物或者是设置大片的绿地，使得景观效果极差，而部分底商的不规范设置也对景观环境造成了一定的影响。

从社会层面来说，问题主要围绕资源配置及利用方面，具体表现为资源配置的不平等、资源浪费和资源短缺，公共服务配置的落差产生了一定的社会问题。

从心理层面来说，社会资源的不平等、住区的长期封闭、临街边界空间的枯燥拥堵等问题的长期积累使人群的交流变少，缺乏有效的互动，可能会产生隔离、孤立、缺乏信任感等心理问题。越来越多的封闭高档住区也使人产生了一种身份意识的错觉，对社会中下层人士容易产生不良影响，即产生仇富心理。

第 5 章　引发原因研究

通过对北京城市住区临街边界空间的现状问题进行总结，明确了其引起的空间、社会及心理三个层面的问题。任何问题的产生都有其原因，城市住区临街边界空间的现状问题看似是空间不当利用而引发的，其实根本原因也是多方面的。只有将边界问题的引发原因弄清楚，才能明确其本质源头，从而提出有效的优化策略。本文分别从开发者、规划者、管理者和居住者四个角度，对边界空间现状问题的引发原因进行分析。

5.1 开发者

开发者一般包括政府和开发商。从政府的角度来说，对住区边界空间进行封闭是一种高效的开发模式，各住区之间互相产生的影响较少，住区与其他城市空间之间的利益影响也较少。更重要的是，从开发商的角度来说，封闭住区模式是一种利益最大化的开发形式，因为封闭住区已经成为一种噱头。开发商从前期的宣传开始，着重强调边界封闭的形式可以为住区内居民提供高档的生活服务设施以及优美的住宅环境，通过强调与外部进行隔离，来增加居民的安全感和身份意识，还打出一些类似"皇家园林"、"精英荟萃"等夸大其词的广告语（图5-1），提高原有的价位。其实封闭的形式更是一种节约成本的开发模式，开发商不需要考虑住区外部的环境以及设施，只需要进行住区内部的规划，按照规范配备住区内部需要的各项公共设施以及提供各种服务，同时依靠围墙等封闭手段，隔绝外部人员。所以，对于开发者来说，住区边界封闭的开发模式是一种利益最大化的开发模式，也成为影响住区规划、住区临街边界空间形式的一个主要原因。

图 5-1 住区广告语
图片来源: 百度搜索。

5.2 规划者

规划者一般指的是完成规划的规划师，规划师同时也是政策的执行者，受到包括传统思想、建设年代背景以及规划思维惯性的影响。

5.2.1 封闭的传统思想

封闭的传统思想向前可追溯到原始部落时期，已经用天然河道、沟壑或者人工挖就的沟壑作为聚落与外部空间的边界，来保证聚落的安全。而到发展出现城市的阶段，则开始修筑城墙来维护君主的统治以及保护居住的安全。城市中的城，就是指围墙保卫系统，例如我国的长城就是最大的围墙系统，直到今日仍旧是令人叹为观止的世界奇迹。从近些年来的考古发展来看，城墙方面的发掘与保护也是十分重要的一部分内容，例如西安的明城墙（图 5-2）就是中国现存规模最大、保存最完整的古代城垣。由此也可以看出，城墙在我国的城市建设中的重要性。

图 5-2　西安明城墙
图片来源：百度搜索。

从古至今，我国人民一直生活在城墙之内，不只城市的最外围被围墙所保护，城内各功能空间也被各种围墙所包围、分隔，就是在这样一层层的包围保护下形成了现在的城市空间。城墙不仅具有保护的作用，同时也是身份等级的象征，这都是中国传统思想的遗留。而我们已经习惯了生活在重重的围墙之中，这也是封闭的传统思想的遗留。所以，在住区建设层面，无论是过去的单位大院打造的熟人社会、街坊住区的周边围合式布局还是现代封闭住区的大肆建设，都逃离不开封闭的本质。同时，值得一提的是，边界封闭的住区形式仍是住区建设的主流，这都是由于受到了传统封闭思想的影响。所以，中国传统封闭思想是影响规划师进行住区规划、住区临街边界形式设计的主要因素之一。

5.2.2　建设年代背景

建设年代背景作为影响住区规划的主要原因，具有其特殊性。我国的住区规划随着社会、城市的发展与建设也在发生着变化，不同年代不同时期国家政策的不同，对住区的规划建设产生着决定性的影响，这与我国的国情和国策有关，所以，建设年代背景也是影响住区规划和住区边界形式的一个重要因素。

新中国成立至今，我国的经济社会发展经历了几个重要的阶段，而由于北京所处的特殊的政治地位，使得它的城市建设历程不仅反映了我国规划思想理论和方法的演进，更反映了每个建设年代背景下国情和国策的特点，住区规划在各个时期也有其显著特点。本文将新中国成立至今按照时间顺序分为两大阶段，分别是新中国成立后到改革开放时期以及改革开放后的社会主义市场经济时期。

（1）新中国成立后到改革开放时期

新中国成立初期，经过内战的损耗，城市百废待兴，这时候工业发展成为城市发展的重要手段，为解决工人的住宅、生活问题，建设了一批位于工业区附近的居住区，来服务工业人员，例如酒仙桥住区、和平里住区以及铁道部第四住区等。同时还兴建了一批提供给机关干部等的住宅，例如北京百万庄小区（图 5-3）。而在新中国成立初期，国家的经济体制也处在学习苏联的浪潮之中，计划经济体制下兴建了一批单位大院式住区。这种住区将单位工作区与居住生活区组合在一起，上班、生活都可以不出大院，同时，大院里还配备一定的生活服务设施，并且大院的形式多为封闭式，出入口设置保安，俨然成为一个熟人社会，例如住建部大院（图 5-4）、北京棉服二厂大院等。

这些住区都是现存的较为成熟的住区，在这一时期还有许多较为失败的探索，例如"大跃进"时期重工业优先发展的原则走向了极端，掀起了人民公社的建设高潮，人民的生活被集中管理起来，一同工作、一同生活，北京在人民公社时期比较著名的住区建设就是以福绥境大楼、北官厅大楼、安化楼为代表

图 5-3　北京百万庄小区　　　　　　图 5-4　住建部大院
图片来源：作者自摄（2016.11）。　图片来源：作者自摄（2016.11）。

的公社大楼，看似是共产主义的探索，其实是社会主义理想模式的代表。

（2）改革开放后的社会主义市场经济时期

1978 年 3 月召开的全国城市工作会议标志着城市规划工作重新被重视。会后五年间，城市化水平从 1978 年的 17.92% 提高到 1983 年的 21.62%，平均每年增长 1.54%，是新中国成立以来城市化水平增长最快的时期，城市化水平的快速增长，也增加了对城市住宅的需求[1]。住宅建设在短时间内突飞猛进，但行列式布局千篇一律，毫无特色可言。之后，北京塔院小区（图 5-5）冲破了很多单一的枯燥的形式，在设计上强调了清晰、简洁的道路空间，并通过点式和条形住宅的巧妙搭配，丰富了空间的组合形式，并创造了优美的居住环境，成为 20 世纪 80 年代初北京的优秀住宅小区之一。社会主义市场经济时期，各开发商为了追求利益的最大化，开始大规模兴建边界封闭形式的住区，直到今日，现代封闭住区仍是住区形式的主要代表，例如远洋山水住区、北京晶城秀府等（图 5-6）。

在不同的建设年代，我国的国情、国策不同，城市建设的政策和方针也不尽相同，所以对住区规划的指导方针及其影响也不相同，这是我国城市建设的特点，所以建设年代背景也是影响规划者对住区进行规划建设以及住区临街边界空间形式设计的主要因素之一。

图 5-5　北京塔院小区
图片来源：百度地图（2016）；作者自摄（2016.11）。

1　吕俊华，彼得·罗，张杰.中国现代城市住宅1840-2000[M].北京：清华大学出版社，2002.

图 5-6　北京晶城秀府
图片来源: 百度地图（2016）; 作者自摄（2016.11）。

5.2.3　规划思维惯性

通过对前章现状调研结果进行分析，不同建设背景、不同建设时期、不同区位甚至不同类型的住区，其临街边界空间现状问题存在着部分共性，例如住区形态封闭所带来的围墙空间利用率低、安全隐患以及景观效果差，或是机动车频繁侵入人行空间造成的边界空间功能混乱等，这就说明规划者在对住区进行规划的过程中采用了千篇一律的规划理念，做出了千篇一律的规划，所以相似的住区边界问题总是重复出现。尤其是近些年来所建设的现代封闭住区，从地图上观察，可以发现，无论处在什么区位的住区，其规划模式都十分相似，例如北京东部的姚家园住区，西部的碧森里、畅茜园和南部的草桥欣园（图5-7 ~ 图5-9）。这多半是因为规划师依靠着规划的惯性思维对住区进行规划，如典型的"四菜一汤"规划模式等，而缺少对住区本身所在地域、区位甚至现状、居民情况的考察，使得规划千篇一律，南、北地区毫无区别。因为缺乏对现状的考察及思考而做着相似的惯性规划使住区产生了各种各样的现状问题，这些问题不仅表现在临街边界空间上，同时表现在住区内部设施、户型等的设置方面。所以，规划师的规划惯性思维也是影响住区规划、住区临街边界空间现状问题产生的主要原因。

图 5-7　姚家园住区
图片来源：百度地图（2016）。

图 5-8　碧森里、畅茜园
住区
图片来源：百度地图（2016）。

图 5-9　草桥欣园
图片来源：百度地图（2016）。

5.3　管理者

　　管理者一般指住区的物业管理系统。袁野在其博士论文《城市住区的边界问题研究》中提出："物业管理是在城市房地产发展基础上形成的一种社会化、专业化的行业，主要对房屋、公共设施及其相关场地进行企业化和经营型的维护和管理。"[1]关于物业管理的发展历程，主要包括国家颁布相关法规和废止两个过程，也可以看出管理的趋势和走向。1994 年，为了加强城市新建住宅小区的管理，提高城市新建住宅小区的整体管理水平，为居民创造整洁、文明、安全、生活方便的居住环境，国家颁布了《城市新建住宅小区管理办法》，将物业管理明确地以法规的形式确定下来，至此，物业管理正式走进了居民的生活中。2007 年，国家又正式颁布条令，宣布废止此管理办法。

　　物业管理主要是为配合封闭住区而产生的，完善的物业管理同时也是开发商的销售噱头之一。物业管理产生的意义即是对住区的安全、私密及环境舒适等方面负责，而封闭住区四周用围墙所封闭，所以，只需在出入口处设置安保人员进行管理，大大减少了对安保人员的雇佣，在住区管理方面大大节约了成本，所以封闭的边界形式是十分受管理者青睐的。随着科技的发展，开始将各

1　袁野.城市住区的边界问题研究[D].清华大学，2010.

种电子监控系统、报警器、电子道闸等在小区的不同位置进行布置来减少保安人员的设置需求，也是节约成本的一种方式。所以，对于管理人员来说，边界封闭的住区使其在管理方面投入的成本更低且更易于管理，这是对住区规划以及住区临街边界形式产生影响的主要因素之一。

5.4 居住者

居住者作为住区的主人，其对住区的需求和希望是开发、规划以及管理者最重视的意见。从居住者的角度看，居住者的物权观念、居住的安全感以及身份象征是造成住区边界封闭的三个影响因素。

5.4.1 物权观念

物权观念的概念被提出，是因为笔者在实地调研及访谈中发现大部分居民表示不愿意与住区外部人员共享住区内的服务及设施，认为住区内部的设施应当只为本住区内的居民服务。这种现象的产生，主要是因为居民认为他们为住区内部设施的建设花费了金钱，所以就应当由他们来享受服务的物权观念。说到物权观念，2007年国家颁布的《中华人民共和国物权法》[1]中第七十三条规定："建筑区划内的道路，属于业主共有，但属于城镇公共道路的除外。建筑区划内的绿地，属于业主共有，但属于城镇公共绿地或者明示属于个人的除外。建筑区划内的其他公共场所、公用设施和物业服务用房，属于业主共有。"它明确指出了建筑区划内的道路、绿地、公共设施等属于业主共有，这就相当于明

---

1 《中华人民共和国物权法》是为了维护国家基本经济制度，维护社会主义市场经济秩序，明确物的归属，发挥物的效用，保护权利人的物权，根据《宪法》制定的法规，由第十届全国人民代表大会第五次会议于2007年（丁亥年）3月16日通过，自2007年10月1日起施行。

确肯定了住区内部的公共设施只为本住区居民提供服务而不对外的观念，也使得住区边界的封闭成为保证住区内部服务不对外的屏障，从而促使住区边界封闭变得理所应当，这也逐渐成为开发商打广告的噱头。

笔者认为，随着社会以及城市建设的发展，《物权法》的规定如果对城市的发展、住区的建设或者是城市公共空间等方面产生影响，就应当进行适当的反思。尤其是在封闭住区引发了大量城市问题的今天，中央发布了开放住区的政策，那势必会与《物权法》所规定的业主的权利有所冲突，这就提醒我们应当适当反思，对《物权法》进行必要的修正，完善住区业主的权益，同时尽量解决住区建设所带来的城市问题。

5.4.2 居住安全感

居民居住的安全感是老生常谈的话题，尤其是对于我国住区来说，在古代聚落时期，就有为了保护居住安全而挖就的沟渠等形式，一直到实体城墙的出现，都是为了保证统治及居住的安全。在这种传统思想的影响下，居民认为封闭的围墙系统可以保证住区的安全，所以封闭的边界形式成为住区的主要形式。

这种居住的安全感的产生有以下几方面原因：首先，我国固有的传统的封闭思想，使得我们认为封闭可以保护我们的安全。其次，随着中国的快速发展，城市社会、经济也在发生着巨大的变动，各行业此消彼长，居民收入增加、物价上涨的同时，失业率也在提高，居民的贫富差距加大，致使一部分社会低收入人群产生了一定的仇富心理，这些都是城市高速发展中不可避免的问题，也给人们带来了不安全感。所以人们自然希望通过围墙等封闭形式，保证所在住区的安全与私密，为自己营造居住的安全感，以满足自己心理上的安全需求。第三方面，就是在城市发展的同时，人口增加、机动车数量增加等使得各种城市问题、环境问题也接踵而至，通过封闭的住区形式，可以将一些城市问题隔离在外，例如拥堵的交通、拥挤的人群等，使得人们感觉在围墙内更加安全，同时，高档住区内优美的环境也使得人们更加舒心，将各种烦恼与不安隔离在围墙之外，这也是一种居住的安全感。所以，人们对封闭的住区形式更加向往，促使住区规划和住区临街边界的形式更趋于封闭。

5.4.3　身份象征

当前，封闭住区仍旧是我国住区的主流形式，而且封闭得越发严重，越高级的住区，其封闭的等级越高，这无疑带给人们一种心理的等级制度，认为经过层层盘问后进入住区是身份的象征。这种身份象征错觉的产生，主要有以下几方面原因：一方面，高档住区在选址、环境以及设施、服务方面都与低档住区有极大的差别，而居民为其高档买单后，也产生了一定的领域意识，认为住区，包括住区内的环境、设施以及服务都只能为自己所用，而不可与外部人员共享，使外部人群对高档住区产生了强烈的向往；另一方面，高档住区在封闭管理方面也更加严格，不仅在住区四周设置围墙等，也在住区的出入口设置严格的安保系统，对出入的机动车及行人进行详细盘问，这和一般的低档住区产生鲜明的对比，使人们从心理上产生一种身份的错觉意识；第三个方面，高档住区的宣传广告也强调封闭、精英等词汇，将其与一般低档住区严格分开，使居住人群产生一种高档住区的身份象征，这种心理意识也会长期积累，使社会分级化严重，从而可能带来更多的社会问题。

5.5　本章小结

本章分别从开发者、规划者、管理者和居住者四个角度深度挖掘了住区临街边界现状问题的引发原因：

从开发者的角度来说，边界封闭的开发模式对政府及开发商都是利益最大化的形式，由此导致边界封闭的开发模式盛行。

从规划者的角度来说，受到封闭的传统思想、所处年代背景以及规划惯性思维的影响，住区边界呈现千篇一律的封闭形式。

从管理者的角度来说，边界封闭的住区更易管理，同时管理的成本更低，更受到管理者的欢迎。

从居住者的角度进行分析，在物权观念的影响下，居民不愿与外部人员共享住区内的服务及设施，而且封闭的边界更容易产生居住的安全感，同时，越是高档的住区，封闭性越强，越容易让人产生身份高等的错觉，成为身份的象征，所以居民对边界封闭的住区更有好感。

第**6**章 优化策略研究

本章作为方法论部分，主要是在前文的分析以及日常生活调研的基础上，明确人群对住区临街边界空间、住区规划的评价和未来需求，从城市规划设计的角度提出优化策略及建议，为之后住区临街边界空间的设计、住区规划以及街道公共空间的规划设计提供借鉴。本章分为规划原则、规划策略以及优化设计手法三个部分，层层递进。

6.1　优化原则

对于住区临街边界空间的优化，首先需要明确的是人在空间中的主体地位，秉承以人为本的理念，全面关注人的交流和生活方式。前文提到，笔者根据马斯洛需求层次理论，将人在住区临街边界空间的需求进行分类，分别是安全需求、便捷通行需求、舒适性需求、日常消费与交往需求、文化与审美需求，依据人的需求，确定住区临街边界空间的优化设计原则，分别是安全原则、功能原则、舒适原则、休闲交往原则以及文化审美原则。同时，增添因地制宜的原则，因为不同地理位置的住区在结构、布局、居住人群等方面均不相同，不能一概而论。

6.1.1　安全原则

住区临街边界空间的安全原则包括几个方面：首先，住区临街边界空间是保护住区私密与安全的屏障空间，它的存在是住区私密性的保障；其次，住区临街边界空间也应当是住区居民以及行人可以放心逗留休闲的空间，这就要求边界空间不受到机动车等的危害和干扰；最值得一提的是服务老人、儿童以及残疾人的关爱设施。老人由于年龄增大，各项生理机能下降，就需要一些助老的设施，例如扶手等。儿童由于年龄很小，对事物的认知能力有限，对危险的认知程度也低，需要成年人的时刻监护，所以对儿童活动也需要格外注意。残疾人是一类特殊群体，便于残疾人逗留以及通行的设施更是格外重要，需要考虑单独设置盲道、坡道等设施。同时，在住区临街边界空间内涉及停车的部分，也需要考虑机动车停车的安全性，是否留有足够的安全距离以及设置防护设施。

6.1.2 功能原则

要探讨住区临街边界空间的功能原则，就先要明确住区临街边界的主要功能是什么。本文的研究对象主要是生活性街道的住区临街边界空间，这就意味着边界空间的功能应该是以居住生活为主，这就与通行为主的边界空间的设计原则完全不同。住区临街边界空间的功能原则主要从两方面进行考虑，一方面是保护住区不受外界干扰，即一定的屏蔽功能，使住区内部居民不受到外界的噪声、尾气等的干扰；另一方面就是保证住区居民或行人可以十分自在地在边界空间逗留休闲或休憩，这就需要边界空间足够宽敞，即对临街建筑的空间形态有一定的要求，同时也对边界空间的景观和服务设施有一定的要求，以满足人群的逗留和休闲的需求，打造充满活力的边界空间。同时，行人的通行也是需要满足的，这里的通行不仅包括行人可以顺畅通行，也包括快捷通行。

6.1.3 舒适原则

住区临街边界空间的舒适原则，对应到人的需求分类中，具有多层含义，分别是：空间的景观及休憩设施是否令人感到舒适，包括空间的尺度、色彩、氛围以及公共服务设施等方面；其次，舒适性指的是人通行的舒适性，这里就包括了保障老年人、儿童、残疾人顺利通行的设施，例如扶手、盲道等。同时，舒适原则结合功能原则，对临街建筑的底层空间的形态、尺度、景观等方面都存在较高的要求。边界空间不仅是街道活力的体现，同时也是住区景观的延伸，如何将住区景观与城市景观衔接是边界空间方面亟待解决的难题之一，也是必须要考虑的原则之一。

6.1.4 休闲交往原则

住区临街边界空间的休闲交往原则体现在：作为城市的公共空间，是人们日常生活与交往的场所，所以住区临街边界空间的设计就要充分考虑到人群的逗留、休闲、交往等活动的需求。这就要结合前几条原则，对住区的临街空间的设计有所要求，因此对尺度、景观、设施等都有一定的要求，包括设置一些便民的底商、座椅等设施。同时，将边界空间打造为适宜人群活动交往的场所也会吸引更多的人，使边界空间成为一个富有活力的空间。所以，应当增加城市交往与社会活动，促进社区活动的发展以及地区的繁荣。

6.1.5 文化审美原则

最高等级的文化审美原则，是在满足了前面的原则之后，考虑对文化以及审美的需求，无论是对于临街边界空间、街道空间、住区空间还是整个城市空间来说，都是城市文化的体现，也是城市风貌的展示平台，所以，良好的审美与文化体现也是临街边界空间不可缺少的。同时，每个城市都有其不同的文化背景及区域特色，住区边界空间是城市展示的平台，更是展示城市文化特色的平台，所以，文化审美原则不仅体现为边界空间需要打造良好的空间环境，它同时也是城市文化内涵的体现，依托于边界空间环境，延续城市历史特色与人文氛围。

6.1.6 因地制宜原则

城市是一个复杂多样的系统，其形成经历了长时间的考验，在不同时期、不同地段表现出了不同的结构和特点。当然，城市内不同地区、不同地理位置的住区也是不同的，这些不同表现在住区的建设年代、建设背景、住区规模、住区结构、公共服务设施配置、居民构成及特点等方面，所以其住区临街边界空间的利用情况也不尽相同。因此，无法统一对其临街边界空间进行改造，也没有一种普遍采用的规划设计方法，所以在研究中必须遵循因地制宜的原则，充分考虑城市的不同以及城市内区位的不同和住区地理位置、建设年代、建设背景、住区规模、住区结构、公共服务设施配置、居民构成及特点等方面的不同，研究不同城市不同地段住区临街边界空间的现状及优化策略，打造富有城市地段特色的环境宜人、设施丰富的临街边界空间。

6.2 优化策略

在明确了住区临街边界空间优化的原则之后，我们需要采取一定的控制策略对住区临街边界空间的优化设计进行控制，从而满足人群的需求。在现状问题分析的章节中，笔者从传统思想，政策法规，住区的开发、规划、管理等角度，对住区临街边界空间的现状问题进行了深入的分析，那么，在解决策略这一节，笔者也将从这几个方面逐条展开说明，所以解决策略部分主要包括政策法规、住区开发与管理、住区规划三个方面的内容。

6.2.1 政策法规

政策法规是我国对住区规划的有力控制手段。一般政策法规的控制体现在控制性详细规划中，涉及较多的是对住区尺度、功能布局、路网结构等方面的控制，这是从城市的角度对住区层面进行控制，但这样的控制手段无法明确对住区临街边界空间进行控制。我国的居住区规范也只是对住区的设计进行了相应的规定，基本没有涉及住区的边界空间。街道空间的控制也只是存在于道路红线的管控方面，所以对于住区边界空间，在政策法规层面没有明确的控制，也正是因为缺少明确的政策法规的约束，使得这部分空间的现状较为混乱且产生了诸多城市问题。所以，笔者认为，在政策法规层面，增加对住区临街边界空间的控制是当前亟待解决的重点问题，不仅要从住区规划的政策法规层面进行约束，也应当在街道空间的管控层面进行约束。

6.2.2 住区开发与管理

根据前文对现状问题引发原因的分析可以看出，封闭住区之所以大量存在，很大一部分原因来自于住区的开发与管理模式。边界封闭住区的开发与管理仅限于边界内的地块，在有限的地块内进行绿地、广场、公服设施等的配置，由于有封闭的边界，只需在住区出入口设置监控、电子道闸等安保设施，对于住区的开发与管理来说都是成本最低的方式。而打着封闭住区环境优美、创造归属感及安全感的幌子又可能获得更大的利益，所以，对于住区的开发与管理来说，是一种利益最大化的有效方式。什么样的开发与管理模式可以带来比边界封闭模式更大的利益呢？这就要充分挖掘土地的潜力，提高土地的利用效率，使其更符合市场的需要，满足居民多样化的实际需求。例如一块几十公顷的土地，可将其分成若干小街区，每个小街区由不同的开发商进行开发，这种合作开发的模式可降低每一个开发商的风险，同时，不同的开发商的汇集使得土地的不同功能交汇、碰撞，可以增加土地的价值，打造更为丰富的空间，这种丰富的空间也可以吸引更多人入住，综合来说，是十分有益的循环模式。从管理层面来说，更多功能的加入，使得空间内形成了活跃的氛围，人气兴旺，可减少犯罪的可能。所以，小规模混合功能的开发、管理模式是比单一功能的封闭的开发、管理模式更为有益的模式，其益处不仅体现为利益的最大化，更重要的是可打造充满活力的空间，使人群的交往更加密切，而从城市层面来说，也使得城市空间更加丰富，对于城市也是更为有益的开发、管理模式。

6.2.3　住区规划

住区规划层面的控制是对住区临街边界空间最直接的控制手段，住区规划对于住区的规模、住区的结构、多功能混合布局以及街道空间的生活化等都是有效的控制手段。

6.2.3.1　合理控制住区规模

住区的规模与道路系统是相互影响、共同作用的，所以，要改善住区的规模就要对住区的道路系统进行调整。住区的规模不仅影响人群出行的可达性和出行效率，同时，它也决定了住区边界空间的尺度以及人群邻里交往的频繁程度与亲密度。住区规模较大，尤其是封闭住区的规模超大，不仅会带来交通拥堵、影响交通微循环等城市问题，同时对住区居民及行人的通行与出行效率也会产生极大的影响，而且较大的住区规模使得邻里交往变得困难，使人与人之间更加冷漠，容易产生隔离、孤立等社会心理问题。

大量的调查表明，对于大部分人群来说，保持心情愉悦的情况下的步行距离约为 300 ~ 800m，最大的接受限度在 2000m 左右，而其中大多数人的活动半径一般为 400 ~ 500m，因此，比较适合的活动范围大约为 500m，在商业区可能更短 [1]。同时，如果需要考虑老年人、儿童或者残疾人，这个距离

1　（英）大卫·路德林.营造21世纪的家园：可持续的城市邻里社区[M].北京：中国建筑工业出版社，2005.

应该更短。所以住区规模应当结合住区的道路网进行合理控制。如北京百万庄小区（图6-1）的规模控制就是较为合理的，而清华大学西北住区与荷清苑住区（图6-2）由于住区相连并且均为封闭住区，周围无法通行，其尺度对于人行交通来说就有极大的影响，不是适合人行活动的住区规模。在对住区规模进行控制的层面上，可以考虑在现有住区规模的基础上，在住区内部增加城市支路，与城市道路相连接，将大型住区拆分为多个组团住区，在控制住区规模的同时也可分散住区对城市交通的压力。例如北京后现代城住区（图6-3），在住区内部引入了十字形的城市支路，使得住区道路网的密度增大，住区规模得到控制，疏散了住区对城市道路交通的压力，同时也提高了可达性。

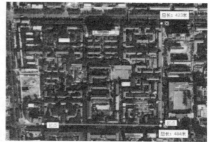

图6-1　北京百万庄小区住区规模
图片来源：作者根据百度地图改绘（2016）。

图6-2　清华大学西北社区及荷清苑住区规模
图片来源：作者根据百度地图改绘（2016）。

图 6-3　后现代城内十字支路
图片来源: 作者自摄（2016.11）。

6.2.3.2　住区结构与城市结构衔接

住区临街边界空间作为住区与城市其他功能空间连接的中介空间，必然受到两个空间的影响，更重要的是，边界空间也是住区空间与城市其他功能空间良性相融的中介空间，这就说明，边界空间是住区的结构与城市结构相衔接的中介空间。纵观我国住区的发展历史，从新中国成立初期的周边街坊式住区、单位大院、居住小区模式到现在的大型封闭住区模式，都是将居住功能与城市功能截然分开的代表。而随着社会、经济的发展，封闭住区也逐渐成为人们避风的港湾，封闭的边界空间可以将噪声、尾气等有害于人们生活的危险因子阻隔在围墙之外，更可使人们产生居住的安全感，所以，边界封闭的住区成为住区的主流形式，这就更加促使住区成为城市中的孤岛。

日本建筑师黑川纪章提出了住区规划的思想，住区规划的结构并非树形结构，而应当是网络状的结构（图 6-4）。通过将住区的主要服务设施从中心位置分散至各组团结构中，同时创造更多的路网交叉于住区之内，可分散住区对城市交通的压力，使得每个组团尺度合理，促进邻里的交往，缓解大型封闭住区带来的例如交通拥堵等城市问题。住区应当作为城市的有机组成部分，与城市结构融为一体，而不是城市系统中一个孤立的个体，即使拆掉围墙，住区的结构也是与城市的结构相衔接、顺应城市肌理的，例如北京建外 SOHO 住区（图 6-5），从地图上看，与城市结构相衔接，顺应城市肌理。

走向开放住区——北京城市住区临街边界空间现状问题及优化策略研究

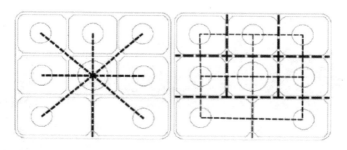

图 6-4　树形结构和网络状结构
图片来源：王何王．西安纺织城住区临街边界空间规划设计研究 [D]．西安建筑
科技大学，2014．

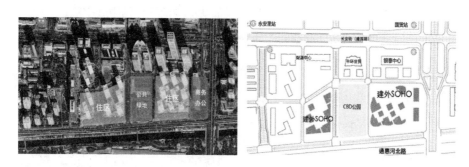

图 6-5　北京建外 SOHO 住区布局结构
图片来源：作者根据百度地图改绘（2016）；SOHO 中国官网。

　　前文提到住区的规划结构应该与城市结构相连接，同时，住区的道路交通系统也应与城市道路交通系统相连，即使拆掉围墙，住区内的道路也可与城市道路有效连接，疏散住区对城市交通的压力。在住区内增加更多的路网不仅可方便住区居民以及行人的通行，同时也可提供更多的通行的可能性，使得通行距离缩短。例如北京后现代城住区（图 6-6、图 6-7），在住区内部引入了十字形的城市支路，使得住区道路网的密度提高，疏散了住区对城市道路交通的压力，同时也增加了可达性，引入的城市支路也成为住区公用设施汇集的地点，不仅方便了住区内部的居民，同时也与城市共享其服务设施，方便了非本住区的居民。

图 6-6　后现代城的位置　　　　　　　　　图 6-7　后现代城内十字形支路
图片来源：作者根据百度地图改绘　　　　　　图片来源：作者自摄（2016.11）。
（2016）。

6.2.3.3　多功能混合布局

公共空间之所以较私人空间来说更具有活力，是因为这里汇聚着各种各样的人以及各种各样的活动。各种各样的人群以及各种各样的功能在这里汇聚，相互影响、相互启发，从而创造出更大的价值。功能混合的布局，不仅仅是建筑或地区功能的混合，从更深层面来说，是各种各样的人的活动与心理的融合，也就是说，功能的融合不是指居住建筑、办公建筑、生产建筑等是否组合在这个空间内，而是指人们的生活、工作、娱乐等是不是在这个空间内产生了相互的交往与联系。传统的以功能主义为原则的规划，使城市各功能截然分开而形成了单一的居住区、办公区、生产区等，空间单调乏味且易产生安全隐患。功能混合的布局，则是将居住、办公、生产、休闲娱乐等空间相结合，使各个功能汇聚在同一空间内，减少空间的单调性，增加人们互动的可能，形成和谐的邻里关系，同时激发富有活力的空间生活，增强社区的吸引力，进而提升周边土地的商业价值，增加就业岗位，吸引更多元的高品质的商业设施与便利服务，满足人们的工作与生活的日常需求。例如北京建外 SOHO（图 6-8）就是多功能混合布局的例子，是集居住、办公、商业、娱乐等多方面于一体的新型住区模式。

图 6-8　北京建外 SOHO 住区布局
图片来源: 作者根据百度地图改绘（2016）; SOHO 中国官网。

6.2.3.4　街道空间生活化

住区的交通系统不仅划分、控制了住区的规模，同时住区内部的街道以及住区边界的街道都应良好地与住区相融，打造丰富的具有活力的空间。《交往与空间》中指出了四种交通模式[1]，分别是:洛杉矶的依赖快速交通的综合交通形式（图 6-9），交通系统简单、快捷，主要依赖于机动车;拉德本的分离式交通形式（图 6-10），有许多平行的公路、人行道以及花费昂贵的地下通道，但这种交通形式在实际使用中却没有达到理想的效果，因为人们总是选取更快捷的而不是更安全的方式;代尔夫特的慢行交通为主的综合交通形式（图 6-11），这种交通形式将街道作为重要的生活空间,在道路中穿插进行人行交通的设计,在实际生活中显然更为实用;威尼斯式的步行城市（图 6-12），从快到慢的交通转换在城市或区域的外围进行，而内部只作步行空间。无论是威尼斯式的将道路交通围绕于步行交通外围还是代尔夫特式的为慢行交通、行人创造更多功能的街道空间，都是将日常生活与街道空间结合起来，使街道空间生活化，不仅可满足人们的通行需求，还可满足人们的生活需求，从而使街道空间变得活跃、丰富起来。

1　扬·盖尔.交往与空间（第四版）[M].北京：中国建筑工业出版社，2002.

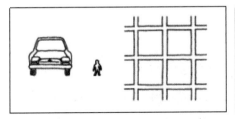

图 6-9　洛杉矶式交通规划
图片来源:扬·盖尔.交往与空间(第四版)[M].北京:
　　　　中国建筑工业出版社,2002.

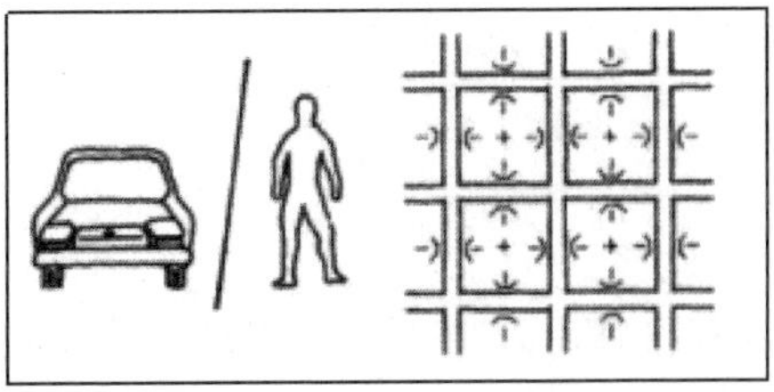

图 6-10　拉德本式交通规划
图片来源:扬·盖尔.交往与空间(第四版)[M].北京:
　　　　中国建筑工业出版社,2002.

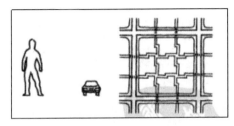

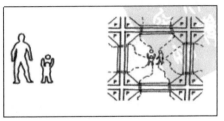

图 6-11　代尔夫特式交通规划
图片来源:扬·盖尔.交往与空间(第四版)[M].北京:
　　　　中国建筑工业出版社,2002.

图 6-12　威尼斯式交通规划
图片来源:扬·盖尔.交往与空间(第四版)[M].北京:
　　　　中国建筑工业出版社,2002.

　　街道空间不仅是城市外部形象的重要载体,也是连接工作、居住、学习、休闲等各类城市生活目的地的空间线索,同时,街道本身也是进行城市活动的空间。邻居们会在街边聊天、小孩们会在街边玩耍、跑者沿着林荫道跑步等都是街道活力的体现,而街道也能够使我们的日常生活更加便利,例如街道边界的空间可能设有便利店、菜场、餐厅、理发店等基本生活服务设施或者绿地、广场和社区公园等活动空间,满足日常的生活需求。街道空间的生活化不仅能够打造丰富、活跃的空间,同时也为人们的生活提供了更多的便利与可能性,所以,街道空间的生活化也是重要的优化策略之一,主要可以从增强沿街复合功能、丰富街道设施、改善街道环境空间设计、完善公交等公共交通系统及增加慢行系统等方面入手。

6.3 优化设计手法

遵循优化原则，并参考国内外优秀的住区案例，从城市规划设计的角度提出住区临街边界空间优化设计手法，包括以下几方面：对围墙及围墙空间的优化、对临街建筑空间的优化、对入口及入口空间的优化和对转角空间的优化。

6.3.1 围墙及围墙空间

根据前文的分析，围墙空间可以分为围墙内空间和围墙外空间，围墙则是划分围墙内、外空间的实体要素。无论围墙是实体不通透的墙体形式、半通透的围栏形式还是绿化、商业等形式，其作用都是将住区围合来保证内部的安全与私密，保证住区内部的环境不受到外界的干扰。这种形式最早可以追溯到原始部落时期，那时就已经开始利用天然沟渠等作为围墙来保证居住生活安全不被侵犯。进入城市时期后，开始铸造围墙来抵御外侵，维护统治，例如长城就是规模最大的围墙。新中国成立以来，一直到当代，通透或半通透的围墙形式仍是住区边界的主流形式。围墙形式的不同，使住区的围合程度不同，从而使得边界空间带给人们的感受就不尽相同。所以，围墙的形式以及围墙内外空间的设计是住区临街边界空间优化设计的重要组成部分。

围合与渗透是住区围墙设计中始终不变的重要主题[1]。围墙的围合作用主要是保证住区的私密以及不受外界干扰，这种形式可以让住区居民产生安全感，但同时不能忽视的是，围合的形式也容易造成封闭、压抑的感觉，被围合在住区内部使人产生一种闭塞感，将住区内部与外部截然分开，使得人与外界的联系被完全阻隔。例如北京塔院小区（图6-13）的部分围墙就是完全封闭的实

---

1 史海莉. 城市住区沿街边界初探[D].南京工业大学，2013.

体围墙，行人走在这种围墙空间内会产生十分不安定的情绪，同时，住区内部
看到的围墙也会使人产生压抑、封闭的感觉。但是这也不能一概而论，如果住
区处在城市边缘或者周围尚未进行开发建设等周围环境较恶劣的地区，这就是
一种比较合适的围墙形式，可以有效地保证住区的内部环境不受外界干扰，同
时改善住区内部的环境。围墙的渗透作用指的是，在通透的围墙形式下，人们
无论是在住区内部与外界互动还是走在住区临街边界空间内与住区内部进行互
动，都是可行的。这种形式的围墙可使住区内部的景观渗透到街道空间，同时
街道空间的景观也可渗透到住区内，是一种双向的景观渗透。同时，通透的围
栏形式使得住区居民与行人的互动成为可能，也可增加人群交往的可能，增强
人与人之间的亲密关系，为良好的街道生活空间奠定基础。例如北京百万庄
小区（图 6-14）的围墙形式就是通透的半围合形式，住区直接朝向街道开口，

图 6-13　北京塔院小区围墙形式
图片来源：作者自摄（2016.11）。

图 6-14　北京百万庄小区围墙形式
图片来源：作者自摄（2016.11）。

更增加了人群之间互动的可能性。所以，围墙形式的选择，不仅取决于住区本身的设计，也取决于住区所处的外界环境。外界环境良好的情况下，通透的围墙形式可以使围墙内、外景观相互渗透，提高人群交往的亲密度；而外界环境质量较差时，封闭、不通透的围墙形式更易维护住区的安全，同时保护住区内部环境不受外界干扰。

　　围墙空间包括围墙内空间和围墙外空间。首先，围墙内空间，由于一般距离住宅较近且空间比较狭小，可利用性不是很强，所以经常被忽略，导致空间被荒废，以致无法形成良好的景观，鲜有人至，不仅影响住区内部的景观以及活动空间，同时也无法与住区边界外的行人产生良好的互动，例如清华大学西北社区以及荷清苑住区（图6-15），其围墙内空间多为无人打理的绿地，十分荒凉。围墙内空间的优化设计一般分为两种情况：其一是由于距离住宅较近，可能会对底层住宅造成影响，所以一般处理为绿地等景观形式，这就需要进行一定的景观设计，使此空间既能保护住区的安全、私密，又能形成一定的景致，而不显得乏味、荒凉（图6-16）。另一种就是住宅出入口朝向围墙内空间（图6-17），这种空间处理形式可以设置一定的绿地景观，同时可以考虑设置一些休闲娱乐的活动设施，这样可以在边界形成充满活力的空间。

　　围墙外空间的设计则需要结合临街建筑空间以及街道空间的设计进行，需要考虑不同年龄段人群的通行、逗留、玩耍等的需求。这里的围墙主要指围墙

图6-15　清华大学住区围墙空间
图片来源：作者自摄（2016.11）。

图 6-16　围墙空间景观
图片来源: 作者自摄（2016.8）。

图 6-17　围墙空间景观
图片来源: 百度图片 https://image.baidu.com.

形式是实体围墙或通透围栏时，不包括临街建筑等形式的围墙。首先，围墙外空间的功能包括通行、交谈、逗留、玩耍、休憩等，所以需要围墙外空间可以不受阻碍地通过并有足够的开敞空间及一定的休憩设施及舒适的景观设置（图6-18）。同时需要强调的是特殊人群的需求，包括儿童、老人和残疾人，这三类人群的需求与一般人是有差异的：儿童，是时刻需要进行看管的人群，由于其心智不成熟，对危险的认识不清楚，所以在边界空间内进行玩耍、休憩时就

图 6-18　围墙外空间
图片来源: 作者自摄（2016.11）。

需要格外注意安全;老人,由于身体机能退化,需要设置一定的休憩设施及坡道、扶手等服务设施;残疾人群体较为特殊,需要格外注意设置一些残疾人专用设施,例如盲道、轮椅可顺利通行的坡道等。

6.3.2 临街建筑空间

在临街建筑空间层面进行优化设计从而打造丰富的空间,可以从以下几个方面入手:将公共设施临街布置、对临街建筑的底层空间进行多样化设计、合理安排临街停车空间。

6.3.2.1 公共设施住区中心及临街结合设置

住区的公共服务设施按功能性质可分为教育、医疗卫生、文化教育、商业服务、金融邮电、社区服务、市政公用、行政管理及其他八项[1]。公共服务设施的位置可以分为三类,即布置于住区的中心、布置于住区的边缘以及住区中心和边缘同时布置(图6-19)。将住区的公共设施结合布置在临街边界空间与住

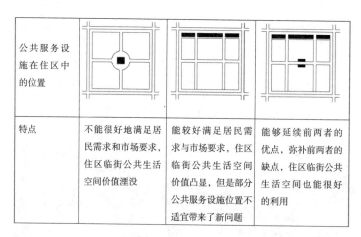

公共服务设施在住区中的位置			
特点	不能很好地满足居民需求和市场要求,住区临街公共生活空间价值湮没	能较好满足居民需求与市场要求,住区临街公共生活空间价值凸显,但是部分公共服务设施位置不适宜带来了新问题	能够延续前两者的优点,弥补前两者的缺点,住区临街公共生活空间也能很好的利用

图6-19 公共服务设施布置位置比较
图片来源:王何王.西安纺织城住区临街边界空间规划设计研究[D].西安建筑科技大学,2014.

1 邹颖,卞洪斌.对中国城市居住小区模式的思考[J].世界建筑,2000(05).

区中心，有利于在边界形成丰富的活动空间，是优化街道空间的一种重要手段，可使住区与住区外空间产生联系，同时也可以服务于行人，使公共设施的作用最大化，加强住区内部居民与外部行人之间的交流与交往，增强人群之间的亲密度。也正是因为这样，使得住区边界空间的安全度上升，犯罪率降低。

6.3.2.2 临街停车空间合理设置

由于机动车的普及，机动车的数量大大增加，侵占人行空间、交通拥堵等现象屡有发生，所以机动车的停车问题也成了亟待解决的城市问题。停车空间的设置根据所处城市功能区的不同而不同，同时因所处街道主导功能的不同而不同，本文主要探讨住区临城市生活性街道边界空间的停车空间的设置问题。住区临街停车空间的合理设置包含以下两种情况：住区模式保持不变，当住区内部停车空间无法满足时，住区内居民以及部分办事或办公人群的机动车停车问题；住区模式可以发生改变的情况下，住区内居民以及部分办事或办公人群的机动车停车问题。首先，住区模式保持不变的情况下，在交通流量较小的街道，可以在街道边缘设置与街道平行的停车位，同时可在停车位与人行空间之间设置绿带进行隔离，使停车空间与行人活动空间分离从而保证行人的安全(图6-20)。如果街道的交通流量较大，则不适合这种方式，因为这种停车方式可能会对交通产生阻碍，造成交通拥堵、混乱。这种情况下，可以设置地下停车空间，或者在附近区域设置立体式停车场，增加街道活动的同时还可以达到减少破坏公共设施现象和降低犯罪危险的积极效果(图6-21)。其次，如果住区模式可变，在住区内部引入城市支路，是一个不错的方法。引入宽度适当的城市支路，在支路的边缘空间设置与街道平行的停车区域，不仅可以分散住区交通对城市交通的压力，也可以缓解停车压力，对临时停车来说，也是不错的选择。例如北京后现代城所引进的十字形城市支路，就分担了很大一部分的停车需求(图6-22)。

图6-20　临街停车设置
图片来源: 百度图片 http://image.baidu.com.

图6-21　立体式停车场
图片来源: 百度图片 http://image.baidu.com.

图6-22　北京后现代城停车空间
图片来源: 作者自摄（2016.11）。

6.3.2.3　临街建筑底层空间多样化设计

在讨论临街建筑底层空间的多样化设计之前，首先对临街建筑的高度进行研究。对于多层建筑临街边界空间来说，边界空间的行人可以与几层高度的空间产生互动呢？ 扬·盖尔在《交往与空间》中作了解释："在多层的建筑物中只有最低的几层才有可能与地面上的活动产生有意义的接触，在三层与四层之间，与地面活动的接触率显著降低，而另一条界线在五层与六层之间，五层以上任何人和事都不可能与地面活动产生联系。"[1] 所以，我们所考虑的临街建筑底层空间的多样化设计一般指临街建筑的一、二层空间。

住宅直接临街的居住形态下，如果底层为单纯居住功能，则容易受到街道

1　扬·盖尔.交往与空间（第四版）[M].北京：中国建筑工业出版社，2002.

上的噪声和行人通行的干扰，影响住区的安全，所以可以考虑增加绿化带进行隔离，使得住区与行人的通行空间分隔开来，例如北京百万庄小区（图 6-23）。但这种居住形态不仅会对住区造成干扰，同时来往行人的通行也会使居民产生不安全感，最重要的是会使临街建筑的商业价值降低，所以住宅直接临街的形式一般不建议底层空间为单纯居住功能，一般会用作底商或办公等，例如住建部大院的办公形式和华清嘉园的商业形式等（图 6-24）。即使不是单纯的功能空间，其形式也可以多重变化（图 6-25）。

图 6-23　居住形式底层空间
图片来源: 作者自摄（2016.11）。

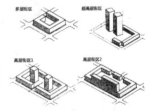

图 6-24　商业办公形式底层空间
图片来源: 作者自摄（2016.11）。

图 6-25　临街的几种形式
图片来源: 王红卫. 城市型居住
街区空间布局研究 [D]. 华南理工大
学, 2012.

6.3.3　入口及入口空间

住区入口及入口空间的讨论不包括对住区入口开口位置的讨论，因为住区入口的开口位置为住区结构层面的问题，不在此处进行讨论。本节主要讨论住区入口设施的设置以及入口的空间层面的问题。

　　住区的入口空间是住区外部的公共空间与住区内部私密空间的过渡空间，所以有其特殊性与重要性，既要保证人行与车行的顺畅，同时又要使住区内部空间与外部空间形成良好的过渡，创造富有活力的入口空间。住区入口及入口空间的形式基本上有两种：其一是住区入口空间凹进住区内部的形式，入口可设置电子道闸等设施，最重要的是这种住区入口会形成一定面积的开阔空间，这部分开阔空间即所谓的过渡空间，人们自住区出行可经过一定的缓冲空间后再进入外界的人行空间，为角色转换提供一段缓冲的距离（图6-26）；其二是入区入口与住区边界平行的形式，这种住区形式缺少缓冲空间，居民从住区内部直接进入公共的边界空间，不利于角色的快速转换，同时住区私密空间与边界开放空间的过渡也略显生硬（图6-27）。两种形式进行对比，仍是第一种形式对于住区私密空间与边界开放空间的过渡、景致的融合以及

图6-26　住区入口凹形空间
图片来源：作者自摄（2016.11）。

图6-27　住区入口平行空间
图片来源：作者自摄（2016.11）。

居民角色的转变更有益，所以，住区入口即入口空间的设计应当尽量采用第一种形式。

6.3.4 转角空间

住区边界的转角空间作为街道的转角空间，也是各方向人流汇集的地点。笔者在调研的过程中发现，住区临街边界的转角空间大部分都未进行任何设计，多以简单围合或大片绿地为主，形成尖角空间，对住区内部来说，尖角空间利用率较低，对街道空间来说，也没有较为宽阔的空间进行人流疏散。例如解放军歌舞团大院（图6-28）的转角空间就是单纯进行封闭的围合进式，再如清华大学西北社区（图6-29）的临街边界转角空间就是绿地结合大型广告牌的模式，不仅有碍于交通通行，缺乏景观设计，同时广告牌的存在也容易遮挡视线。

图6-28 歌舞团大院转角空间
图片来源：作者自摄（2016.11）。

图6-29 清华大学西北社区转角空间
图片来源：作者自摄（2016.11）。

考虑到住区边界转角空间（图6-30）在街道空间中的重要作用，建议在设计时，使住区空间在转角位置适度退让，在转角处形成一定的开阔空间，作为街角广场，不仅可以满足行人通行及休憩的需要，同时住区内部居民也可在此处休闲娱乐，最重要的是，这是疏散街角汇集人群的有效方式。

 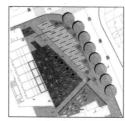 

图 6-30　住区转角空间
图片来源: 百度图片 https://image.baidu.com.

6.4　本章小结

　　本章是全文的方法论研究部分，主要从三大层面提出了住区临街边界空间的优化思路，分别是优化原则、优化策略及优化设计手法。

　　从优化原则层面来说，住区边界的优化遵循马斯洛需求层次理论中人在住区边界的各项需求，包括安全、核心功能优先、舒适、休闲交往以及文化审美等几方面，所以笔者提出了住区临街边界空间优化的原则，包括安全原则、功能原则、舒适原则、休闲交往原则以及文化审美原则，同时增添了因地制宜的原则，因为不同地理位置的住区在结构、布局、居住人群等方面均不相同，不能一概而论。

　　从优化策略层面来说，笔者从传统思想、住区开发、规划、管理等角度深入分析了住区边界产生现状问题的原因，为了解决这些现状问题，笔者相应地从政策法规、住区开发与管理以及住区规划的角度提出了解决策略，包括建立有效的法规政策、分地块多功能开发管理、合理化住区规模、协调衔接住区结构与城市结构、多功能综合布局以及街道空间生活化等。

　　最后，从详细的优化设计手法层面出发，笔者针对住区临街边界空间的构成要素分别提出了优化设计手法的建议，包括通透的围墙形式、丰富的围墙空间、公共设施临街布置、多样化临街底层空间和停车空间、强化入口空间以及打造边界街角广场等。

第 7 章 结论与展望

7.1 结论

本文以北京城市住区为研究范围，对不同类型住区的临街边界空间现状进行调研，分析其现状问题及产生原因，并从城市规划设计的角度提出优化策略及建议。通过研究，得出以下结论：

7.1.1 北京城市住区临街边界空间现状问题

通过对不同类型北京城市住区临街边界空间现状进行调研与分析，对其现状问题进行总结与深层次的研究，由表象深入到本质，本文将住区临街边界空间的现状问题分为三个层面，分别是空间层面、社会层面和心理层面，三个层面层层递进又互相影响。

（1）从空间层面来说，临街边界空间的现状问题主要表现为住区封闭、城市交通问题加剧、各功能空间互相干扰、街道缺乏活力四大现象；

（2）从社会层面来说，临街边界空间的现状问题主要表现为资源配置及利用方面的不平等现象；

（3）从心理层面来说，临街边界空间的现状问题主要表现为人群的隔离、孤立、缺乏信任感以及仇富等心理问题。

7.1.2 北京城市住区临街边界空间现状问题引发原因

通过对北京城市住区临街边界空间的现状问题进行总结，明确了其引起的空间、社会及心理三个层面的问题，而任何问题的产生都有其原因，城市住区临街边界空间的现状问题看似是空间不当利用而引发的，其实造成问题的根本原因是多方面的。只有将边界问题的引发原因弄清楚，才能明确其本质源头，从而提出有效的优化策略。本文分别从开发者、规划者、管理者和居住者四个角度，对边界空间现状问题的引发原因进行分析。

（1）从开发者的角度来说，边界封闭的开发模式对政府及开发商都是利益最大化的形式，由此导致边界封闭的开发模式盛行；

（2）从规划者的角度来说，受到封闭的传统思想、所处年代背景以及规划惯性思维的影响，住区边界呈现千篇一律的封闭形式；

（3）从管理者的角度来说，边界封闭的住区更易管理，同时管理的成本更低，所以更受到管理者的欢迎；

（4）从居住者的角度进行分析，在物权观念的影响下，居民不愿与外部人员共享住区内的服务及设施，而且封闭的边界更容易产生居住的安全感，同时，越是高档的住区，封闭性越强，越容易让人产生身份高等的错觉，成为身份的象征，所以居民对边界封闭的住区更有好感。

7.1.3 北京城市住区临街边界空间优化策略

作为方法论部分，主要是在前文的分析以及日常生活调研的基础上，明确人群对住区临街边界空间、住区规划的评价和未来需求，借鉴国内外成熟的规划理论和优秀案例，并结合北京地区的实际情况，从城市规划设计的角度提出优化策略及建议，为之后的住区临街边界空间设计、住区规划以及街道公共空间的规划设计提供借鉴，分为规划原则、规划策略以及优化设计手法三个部分，层层递进。

（1）从优化原则层面来说，住区边界的优化遵循马斯洛需求层次理论中人在住区边界的各项需求，包括安全、核心功能优先、舒适、休闲交往以及文化审美等几方面，同时不同区位、不同建设背景的住区在结构、规模、公共服务设施的配置等方面的不同，也使得住区临街边界空间的利用模式不同，所以因地制宜也是更新改造必须要遵循的重要原则。所以，笔者提出了住区临街边界空间优化的原则，包括安全原则、功能原则、舒适原则、休闲交往原则、文化审美原则以及因地制宜原则。

（2）从优化策略层面来说，笔者从传统思想、住区开发、规划、管理等角度深入分析了住区边界产生现状问题的原因，为了解决这些现状问题，笔者相应地从政策法规、住区开发与管理以及住区规划的角度提出了解决策略，包括建立有效的法规政策、分地块多功能开发管理、合理化住区规模、协调衔接住区结构与城市结构、多功能综合布局以及街道空间生活化等。

（3）最后从详细的优化设计手法层面出发，笔者针对住区临街边界空间的构成元素即围墙空间、临街建筑空间、入口和转角空间提出了优化设计的手法。围墙空间可结合景观及设施打造与人互动的公共空间；临街建筑空间的优化设计宜将公共设施临街布置，对临街建筑的底层空间进行多样化设计并合理安排临街的停车空间；入口空间的设计宜采用凹进住区内部的形式，形成一定面积的开阔空间有利于出入口交通通畅及人群的角色转换；转角空间的设计宜朝住区内部适度退让形成一定的开阔空间，满足行人通行、休憩的需要。

7.2 展望

本文以北京市为背景，通过对不同类型住区的临街边界空间现状进行调研，分析住区临街边界空间的现状问题及产生原因，并从城市规划设计的角度提出优化策略及建议。本文的创新点体现在：首先从研究对象来说，目前对住区、街道或建筑空间的研究较多而对住区边界的研究较少，本文以住区边界为研究对象；二是在不多的对边界的研究中缺乏对具体城市及住区的完整调研及分析，本文以北京城市住区为具体研究范围；三是对边界空间的研究多停留于理论层面而缺少详细的且结合人群日常生活需求的设计策略，而本文的研究正好弥补了这些方面。

由于笔者研究的时间及深度有限，本文也存在着诸多不足：首先，实地调研方面，本文的研究只选取了北京城市住区范围内的部分有代表性的住区，对调研对象的选取具有片面性；其次，由于只选取了八个住区进行调研，调研量较少，无法涵盖城市住区的全部类型，调研结果也具有一定的片面性；同时，此课题涉及城市规划学、建筑学、社会学等众多学科，其研究视角较为宽泛，笔者的研究无法全面顾及，因此之后的研究还需扩大范围及深度！

关于本课题的研究，之后还可以从以下几个方面进行扩展：首先，应进行多专业、多学科的合作研究，扩宽研究视角，防止出现片面的观点；其次，细化北京城市住区的范围，同时进行科学、客观的分类研究，并选取尽可能多的样本进行调研，确保研究的准确性与科学性；再次，对调研问卷及实地访谈的内容进行更加细致的调整。最重要的是，本文所提出的优化策略较为笼统，之后可结合实际改造项目进行详细的讨论。

附录

附录一：住区临街边界空间人群满意度调研问卷

日　　期 _____ 调查地点 _____ 调查人员 _____ 问卷编号 _____

　　您好，我是北京建筑大学研究生，正在进行"北京城市住区临街边界空间问题"的相关研究，对您所在住区的临街边界空间或经常通行的住区临街边界空间进行满意度调研，以便于更好地对该空间进行修建设计。问卷仅占用您2～3分钟时间，其中涉及的资料将完全匿名处理，请您放心，谢谢您的大力支持。

北京建筑大学

一、调查对象的基本信息（单选）

1-1 年龄：□ 18 岁以下　□ 18 ～ 35 岁　□ 35 ～ 60 岁　□ 60 岁以上

1-2 性别：□男　□女

1-3 您的居住地：□该住区　□周边住区 _____　□路过

二、住区临街边界空间满意度（可多选）

2-1 一天中经过住区边界的次数：□从不　□很少　□有时　□经常

2-2 一天中经过住区边界的时间：□早晨 6:00 ～ 9:00　　□上午 9:00 ～ 12:00

□中午 12:00 ～ 14:00　□下午 14:00 ～ 18:00

□晚上 18:00 ～ 00:00　□凌晨 00:00 ～ 06:00

2-3 在住区边界活动的内容：□购物或其他消费　□散步　□交谈

□锻炼身体或游戏　□休息　□贩卖

□通行　□其他 _____

2-4 住区边界吸引您的是：□临街底商设施　□休憩设施　□环境宜人

□搭乘公共交通方便　□必经之地　□其他 _____

2-5 住区边界的围墙形式是否满意: □不满意 _____ □一般 □比较满意
　　　□非常满意

2-6 住区边界的底商是否满意: □不满意 _____ □一般 □比较满意
　　　□非常满意

2-7 住区的入口空间是否满意: □不满意 _____ □一般 □比较满意
　　　□非常满意

2-8 住区的转角空间是否满意: □不满意 _____ □一般 □比较满意
　　　□非常满意

2-9 住区周边交通状况是否满意: □不满意 □一般 □比较满意 □非常满意

2-10 住区边界的绿化是否满意: □不满意 _____ □一般 □比较满意
　　　□非常满意

2-11 住区边界的设施是否考虑周到: □不满意 _____ □一般 □比较满意
　　　□非常满意

2-12 您还有什么对住区边界的建议:请列举:_____

再次感谢您的配合!

附录二：访谈记录实例

日　　期：<u>2016.11.25</u>　调研地点：<u>北京塔院小区</u>　调研人员：<u>常住居民</u>

1. 居民基本情况

65 岁的王奶奶居住于北京塔院小区，居住时长约为 20 年左右。

2. 居民经常经过临街边界空间

一般集中在早晨 6:00 ～ 9:00 和下午 14:00 ～ 18:00 这两个时间段，主要的活动内容为沿街菜市场买菜等消费活动、接送孙女上下学以及和朋友晒太阳、小坐休憩。

3. 临街边界空间的现状

北土城西路上主要出入口设置电子道闸限制车辆通行，但不限制人行并且两相邻住区入口之间设置社区公园，可以遛弯并且社区公园内部也设置了一些临时的摊点，可以买菜和一些小商品，居民经常在此处消费。但是也是因为这些不规范的小商摊，经常使得车辆通行拥堵，并且车辆鸣笛现象严重，十分吵闹。同时，大量非机动车停放也侵占了一部分人行空间，通行不便，所以机动车和非机动车停车问题仍是亟待解决的问题。塔院西街和塔院东街的住区临街边界空间现状类似，主要是通过半通透或通透围墙进行围合并结合人行空间，住区入口设置电子道闸，对机动车辆进行限制，对人行不限制。值得特别提出的是，这两部分边界空间较狭窄，同时还被机动车占用大部分空间，通行十分不畅通且有安全隐患，并且边界有破墙开店以及堆放杂物的现象，使得本来狭窄的空间更为局促，亟待整治。

4. 现状问题

该住区居民多为国家机关、事业单位离退休人员和在职人员及家属，其居民素质较高，年龄偏大，主要提出以下几方面问题：

（1）临街边界空间狭窄，同时被机动车侵占大量空间，导致通行困难的同时也具有安全隐患，尤其是塔院西街和塔院东街。北土城西路路段由于距离过街天桥较近，人行空间狭窄，同时由于机动车停车问题，更加侵占人行空间，使得行人通行不畅，也容易造成机动车拥堵。

（2）临街边界空间有破墙开店的现象，进一步侵占人行空间，尤其是塔院西街和塔院东街。人行空间上有杂物、垃圾堆积的现象，使得边界空间更加拥挤，尤其是塔院西街和塔院东街。

（3）临街边界空间缺少休憩设施。

5. 未来需求

希望能尽快解决机动车的停车问题，并且使得机动车尽量不侵占人行空间，使人们体会到通行的安全感与方便。另外，由于临街开墙打洞现象，使得本来就狭窄的街道更加狭窄，希望尽量解决，并且少堆放杂物，保证顺畅通行。另外，希望增加一些休憩设施，这样居民可以在外面进行聊天、晒太阳等休憩活动。

参考文献

国内专著

[1] 周俭. 城市住宅区规划原理 [M]. 上海：同济大学出版社，1999.

[2] 邹珊刚，黄麟雏，李继宗等. 系统科学 [M]. 上海：上海人民出版社，1987.

[3] 谭刚毅. 两宋时期的中国居民与居住形态 [M]. 南京：东南大学出版社，2008.

[4] 吴良镛. 北京旧城与菊儿胡同 [M]. 北京：中国建筑工业出版社，1994.

[5] 刘韶军. 建筑设计与城市空间 [M]. 天津：天津大学出版社，2000.

[6] 刘致平. 中国居住建筑简史 [M]. 北京：中国建筑工业出版社，1990：10.

[7] 林玉莲，胡正凡编著，环境心理学 [M]. 北京：中国建筑工业出版社，2000.

[8] 吕俊华，彼得·罗，张杰. 中国现代城市住宅：1840-2000 [M]. 北京：清华大学出版社，2003.

[9] 李允鉌. 华夏意匠 [M]. 北京：中国建筑工业出版社，2005.

[10] 吴志强，李德华. 城市规划原理 [M]. 北京：中国建筑工业出版社，2010.

[11] 朱家瑾，黄光宇. 居住区规划设计 [M]. 北京：中国建筑工业出版社，2000.

[12] 邹德侬. 中国现代建筑史 [M]. 天津：天津科学技术出版社，2001.

[13] 张京祥. 西方城市规划思想史纲 [M]. 南京：东南大学出版社，2005.

[14] 徐永祥. 社区发展论 [M]. 上海：华东理工大学出版社，2000.

[15] 王德华. 中国城市规划史纲 [M]. 南京：东南大学出版社，2005.

[16] 杨德昭. 新社区与新城市——住宅小区的消逝与新社区的崛起 [M]. 北京：中国电力出版社，2006.

[17] 赵民，赵蔚. 社区发展规划——理论与实践 [M]. 北京：中国建筑工业出版社，2003.

[18]《住宅设计 50 年》编委会. 住宅设计五十年——北京市建筑设计研究院住宅作品选 [M]. 北京：中国建筑工业出版社，1999.

[19] 董光器. 古都北京五十年演变录 [M]. 南京：东南大学出版社，2006.

[20]（美）凯文·林奇，城市意象 [M]. 北京：华夏出版社，2001.

[21]（美）简·雅各布斯. 美国大城市的死与生 [M]. 金衡山译. 南京：译林出版社，2006.

[22]（美）雅各布斯. 伟大的街道 [M]. 王又佳，金秋野译. 北京：中国建筑工业出版社，2009.

［23］（美）C·亚历山大.建筑模式语言 [M]. 王昕度，周序鸿译. 北京：知识产权出社，2001.

［24］（美）扬·盖尔.交往与空间（第四版）[M]. 何人可译. 北京：中国建筑工业出版社，2002.

［25］（美）基亚拉，帕内罗，泽尔尼克.住宅与住区设计手册 [M]. 北京：中国建筑工业出版社，2009.

［26］（英）克利夫·芒福汀.街道与广场 [M]. 张永刚，陈卫东译. 北京：中国建筑工业出版社，2004.

［27］（英）大卫·路德林.营造 21 世纪的家园：可持续的城市邻里社区 [M]. 北京：中国建筑工业出版社，2005.

［28］（日）芦原义信.街道的美学 [M]. 北京：中国建筑工业出版社，1989.

［29］（美）鲁道夫·阿恩海姆.艺术与视知觉——视觉艺术心理学 [M]. 北京：中国社会科学出版社.

中文期刊论文

［1］黄耀志，苏善君.对封闭住区负面效应及和谐城市空间构建的思考 [J]. 苏州科技学院学报（工程技术版），2013（03）.

［2］邹颖，卞洪斌.对中国城市居住小区模式的思考 [J]. 世界建筑，2000（05）.

［3］乔永学.北京"单位大院"的历史变迁及其对北京城市空间的影响 [J]. 华中建筑，2004（5）.

［4］邱书杰.作为城市公共空间的城市街道空间规划策略 [J]. 建筑学报，2007（03）.

［5］李春聚，姜乖妮，王苗.城市住区边界空间的优化设计 [J]. 城市问题，2014（07）.

［6］黄琼，冯粤.封闭住区的负效应及解决方法 [J]. 国外建材科技，2008（03）.

［7］周扬，钱才云.友好边界：住区边界空间设计策略 [J]. 规划师，2012（09）.

［8］赵蔚，赵民.从居住区规划到社区规划 [J]. 城市规划汇刊，2002（06）.

［9］徐一大，吴明伟.从住区规划到社区规划 [J]. 城市规划汇刊，2002（04）.

［10］张庭伟.从"为大众的住宅"到"为大众的社区"从"居住区规划"到"社区建设"[J]. 时代建筑，2004（05）.

［11］杨靖，马进.与城市互动的住区规划设计实践 [J]. 建筑学报，2007（11）.

［12］于泳，黎志涛．"开放街区"规划理念及其对中国城市住宅建设的启示 [J]. 规划师，2006（02）．

［13］杨靖，马进．建立与城市互动的住区规划设计观 [J]. 城市规划，2007（09）．

［14］钟波涛．城市封闭住区研究 [J]. 建筑学报，2003（09）．

［15］王彦辉．中国城市封闭住区的现状问题及其对策研究 [J]. 现代城市研究，2010（03）．

［16］徐苗，杨震．起源与本质：空间政治经济学视角下的封闭住区 [J]. 城市规划学刊，2010（04）．

［17］魏薇，秦洛峰．对中国城市封闭住区的解读 [J]. 建筑学报，2011（02）．

［18］缪朴．城市生活的癌症——封闭式小区的问题及对策 [J]. 时代建筑，2004（05）．

［19］Robert Tennenbaum.Creating a New City-Columbia，Maryland[J]. Partnersin Community Building and Perry Publishing，1996.

［20］Anne Vernez Moudon. Public Streets for Public Use[J]. New York：Van Nostrand Reinhold Company，1987．

［21］N.J.Habraken. Palladio's Children[J].New York：Taylor &Francis Group，2005.

［22］Badcock，A. Restructuring and Spatial Polarization in Cities[J]. The Progress in Human Geography，1997.

［23］C.Mcllwaine. Third-World Development：Urbanizing for the Future Progress[J]. Human Geography Review，1997.

［24］C.Ding. An Empirical Model of Urban Spatial Development[J]. Review of Urban and Regional Development Studies，2001.

博/硕士学位论文

［1］史海莉．城市住区沿街边界初探 [D]. 南京工业大学，2013.

［2］唐莉．街道边缘空间模式研究 [D]. 同济大学，2006.

［3］王何王．西安纺织城住区临街公共生活空间规划设计研究 [D]. 西安建筑科技大学，2014.

［4］连晓刚．单位大院：近当代北京居住空间演变 [D]. 清华大学，2015.

［5］刘煜．居住区边缘空间研究 [D]. 天津大学，2009.

［6］李建彬．城市街道空间的活力塑造 [D]. 东北林业大学，2010.

［7］朱怿 . 从"居住小区"到"居住街区"[D]. 天津大学，2006.

［8］谢祥辉 . 沿街建筑边界的双重性研究 [D]. 浙江大学，2002.

［9］冯凌 . 融合街道空间的建筑界面研究 [D]. 重庆大学，2008.

［10］赵新意 . 街道界面控制性设计研究 [D]. 重庆大学，2006.

［11］王红卫 . 城市型居住街区空间布局研究 [D]. 华南理工大学，2012.

［12］胡庆 . 城市街坊式住区设计初探 [D]. 华侨大学，2006.

［13］周萱 . 促进交往的住区空间环境设计初探 [D]. 重庆大学，2005.

［14］徐萱 . 城市社区街道空间研究 [D]. 华中科技大学，2005.

［15］杨蕊 . 激发社区活力，创造邻里交往的良好街道空间 [D]. 西安建筑科技大学，2006.

［16］尚晓茜 . 可渗透性街道形态对城市社区活力的影响研究 [D]. 华中科技大学，2006.

［17］袁野 . 城市住区的边界问题研究 [D]. 清华大学，2010.

［18］胡争艳 . 城市住区街道边界空间的公共性设计研究 [D]. 同济大学，2007.

［19］王墨非 . 城市街道边缘空间设计对于街道活力的影响研究 [D]. 西安建筑科技大学，
2015.

［20］贺璟寰 . 城市生活性街道界面研究 [D]. 湖南大学，2008.

［21］姚晓彦 . 现代城市街道边缘空间设计研究 [D]. 河北农业大学，2007.

［22］尤娟娟 . 我国城市街区型住区规划研究初探 [D]. 重庆大学，2010.

［23］商宇航 . 城市街区型住区开放性设计研究 [D]. 大连理工大学，2015.

相关规范、法律及文件

［1］中华人民共和国国家标准 .GB50180—1993 城市居住区规划设计规范 . 北京：中国建筑工业出版社，2005

［2］中华人民共和国物权法（2007）

［3］中共中央国务院关于进一步加强城市规划建设管理工作的若干意见（2016）

网络：

［1］百度百科 / 百度图片

［2］专筑网

后记

研究生的时光匆匆而过，作为研究生期间最后的答卷，这本书也为我的求学生涯画上了一个完美的句号。

衷心感谢导师孙立老师对本书从选题、写作到成稿各个阶段的悉心指导以及鼓励，让我明确了自己的研究方向与研究内容，同时感谢孙立老师三年以来对我的教诲、鼓励和支持，让我有良好的心态面对学习和生活中的困难与挑战，顺利完成学业。感谢陈晓彤老师在本书完成过程中对我的指导与教诲。同时感谢师门的同窗、师弟师妹们对我的帮助以及对本书提出的宝贵意见。最后感谢在本书完成过程中帮助过我的每一个人，是大家的宝贵意见让我顺利完成本书的写作。

关于住区边界空间的研究是未来开放住区模式的一个探索研究，但由于研究的时间和深度有限，不当之处在所难免，敬请指正，以便于今后进一步修改完善。

在此，谨向中国建筑工业出版社给予的支持表示衷心的感谢，并向负责本书出版的编辑、校对、美术设计的相关人员表示感谢！